Tremplin pour la PACES

Réussir L'UE 4

Probabilités Statistiques

Dr Jean Périsson

Docteur en physique théorique,
Licencié en mathématiques

ellipses

Du même auteur

- Réussir l'UE1. Chimie générale. Génome
- Réussir l'UE2. Biologie cellulaire. Histologie Embryologie humaine
- Réussir l'UE3. Organisation des appareils et systèmes : aspects fonctionnels et bases physiques d'exploration

9782340-001121

32, rue Bargue 75740 Paris cedex 15

www.editions-ellipses.fr

Remerciements

À Carole, bien sûr,

mais aussi,

Marie et Philippe, Caroline et Charles

et,

dans l'ordre de leur arrivée sur cette Terre,

Arthur, Manon, Clémence, Maya et Eliott...

Table des matières

Première partie

Probabilités

Chapitre 1

Analyse combinatoire

COURS

1.1 Calculs élémentaires de probabilités et dénombrements

1.1.1 Le problème

Le calcul des probabilités est souvent intuitif. Donnons-en quelques exemples élémentaires, à partir d'une pièce de monnaie et d'un dé non truqués :

1. Quelle est la probabilité d'obtenir **pile** à la suite du lancer de la pièce ? **Réponse** : il y a 1 cas favorable (qui réalise ce que l'on recherche) contre 2 cas possibles (la totalité des résultats). La probabilité est donc $\frac{1}{2}$.
2. Quelle est la probabilité d'obtenir **le chiffre 2** à la suite du lancer du dé ? **Réponse** : il y a 1 cas favorable contre 6 cas possibles (1, 2, 3, 4, 5 et 6). La probabilité est donc $\frac{1}{6}$.
3. Quelle est la probabilité d'obtenir **un chiffre pair** à la suite du lancer du dé ?
   Réponse : il y a 3 cas favorables (2, 4 et 6) contre 6 cas possibles . La probabilité est donc $\frac{3}{6} = \frac{1}{2}$.
4. Quelle est la probabilité d'obtenir le **2** et le **pile** en lançant le dé et la pièce ? **Réponse** : ces deux événements n'ont pas de rapport entre eux (on dira qu'ils sont indépendants). La probabilité est égale à $\frac{1}{6} \times \frac{1}{2} = \frac{1}{12}$.

La méthode qui semble se dégager des 3 premiers exemples est la suivante :

$$\text{Probabilité} = \frac{\text{nombre de cas favorables}}{\text{nombre de cas possibles}} \tag{1.1}$$

Le dernier exemple exploite intuitivement que la probabilité de deux événements **indépendants** est égale à leur **produit**.

Tout cela paraît simple. Donnons quelques exemples supplémentaires plus douteux.

1. Quelle est la probabilité qu'il pleuve un jour donné ? Le raisonnement pourrait être le suivant : ou bien il pleut, ou bien il ne pleut pas : il y a donc 1 cas favorable (il pleut) pour 2 cas possibles (il pleut, il ne pleut pas).

   La probabilité qu'il pleuve un jour donné est donc égale à $\frac{1}{2}$.
2. On participe à un concours : ou bien on gagne, ou bien on ne gagne pas. La probabilité de gagner est là encore égale à $\frac{1}{2}$.

On perçoit bien sur ces 2 exemples qu'il y a une anomalie. On pourrait multiplier les exemples car un événement, quel qu'il soit, se produit ou ne se produit pas. Dans ces conditions, la probabilité qu'un événement quelconque se produise serait toujours égale à $\frac{1}{2}$, et un cours sur les probabilités serait donc parfaitement inutile.

Il y a en fait une différence majeure entre les 3 premiers exemples, conduisant à un résultat correct

$$\text{Probabilité} = \frac{\text{nombre de cas favorables}}{\text{nombre de cas possibles}},$$

et les 2 derniers pour lesquels ce raisonnement est clairement faux.

La différence est à chercher dans **l'équiprobabilité**. Cette condition est indispensable pour appliquer la formule (1.1) rappelée ci-dessus.

1.1.2 Équiprobabilité et dénombrement

On dit que des éventualités (pile, face etc.) sont **équiprobables** si elles se produisent **statistiquement** avec la même fréquence.

Autrement dit, l'équiprobabilité est une notion expérimentale. Dans le cas d'une pièce de monnaie **non truquée**, on peut vérifier l'équiprobabilité des 2 éventualités en lançant par exemple 1 milliard de fois la pièce (comme il faut une certaine patience, on se contentera d'imaginer le processus) : au terme de ces lancers, on pourra vérifier que le nombre de "pile" est sensiblement le même que le nombre de "face". Il y a donc équiprobabilité.

En revanche, si on joue à un concours un très grand nombre de fois (mais, peut-être pas un milliard de fois...), on imagine bien que le nombre de fois où l'on aura gagné n'est pas du même ordre de grandeur que celui où l'on aura perdu.

Résumons Lorsque l'on veut appliquer la "formule magique"

$$\text{probabilité} = \frac{\text{nombre de cas favorables}}{\text{nombre de cas possibles}},$$

il faut qu'il y ait équiprobabilité au sens défini ci-dessus.

Dans ce cas (**et seulement dans ce cas**), le calcul des probabilités se ramène donc à du dénombrement.

Nous allons maintenant étudier certaines formules permettant ce **dénombrement**, en gardant constamment à l'esprit que dès qu'il n'y a pas équiprobabilité, ces formules ne servent plus à rien (et sont même une source d'erreurs de raisonnement).

1.2 Formules de l'analyse combinatoire

Dans cette partie du cours, nous bannissons délibérément le langage des applications, bijections, injections etc. très utile pour la rigueur mathématique, mais hors de propos pour l'étudiant en médecine auquel il n'apporte rien (sauf peut-être une vie plus compliquée).

Dans ce paragraphe, nous raisonnons sur un ensemble E fini contenant n éléments. Les sous-ensembles (ou parties) de E contiennent un nombre p d'éléments (variant de 0 à n).

1.2.1 Factorielle

Par définition (lire "factorielle n") :

$$\boxed{n! = n(n-1)(n-2)(n-3)...4.3.2.1} \tag{1.2}$$

Par exemple :

$$6! = 6.5.4.3.2.1 = 720$$

On remarque que c'est un nombre qui devient rapidement gigantesque (essayez de calculer 1000 !)

1.2.2 Permutations

Soit un ensemble E à n éléments supposés distincts deux à deux. Une permutation est un classement ordonné de ces n éléments (le mathématicien parlera d'une bijection de E sur lui-même).

Nombre de permutations

Soit P_n ce nombre : pour classer ces n éléments, on choisit le premier (n choix possibles), puis le deuxième (n-1) choix possibles, puis le suivant jusqu'à ce qu'il n'en reste plus qu'un. Donc :

$$P_n = n(n-1)(n-2)3.2.1$$

soit

$$\boxed{P_n = n\,!} \tag{1.3}$$

Remarques

$1! = 1$

Et par convention : $0! = 1$

1.2.3 Arrangements

Soit p⩽n.

On envisage tous les classements ordonnés possibles de p éléments choisis au hasard parmi les n éléments de E (**sans répétition**).

Nombre d'arrangements de p éléments parmi n

On a n choix possibles pour le premier (on se "sert" dans E).

On a $(n-1)$ choix possibles pour le deuxième (le premier est déjà pris et il n'y a pas de répétition possible : tirage sans remise).

Et on procède ainsi jusqu'à avoir choisi p éléments.

Soit A_n^p ce nombre : on a donc

$$\boxed{A_n^p = n(n-1)(n-2)...(n-p+1) = \frac{n!}{(n-p)!}} \tag{1.4}$$

Pour calculer **simplement et rapidement** ces nombres, il faut garder présent à l'esprit que l'on doit écrire exactement p nombres au numérateur (pas question de calculer $(n-p+1)$). Ainsi,

$$A_9^3 = 9.8.7$$

On "démarre" de 9 (n dans l cas général), et on décrémente d'une unité jusqu'à avoir écrit 3 chiffres (p dans le cas général).

On peut bien sûr vérifier (mais c'est du temps inutilement perdu) que le dernier chiffre est $n-p+1 = 9-3+1 = 7$.

Remarque

On a bien sûr

$$P_n = A_n^n = n!$$

1.2.4 p-listes

C'est au départ le même principe que les arrangements, sauf que l'on s'autorise des répétitions (les **p-listes** sont d'ailleurs aussi appelées **arrangements avec répétition**).

Comme il y a n choix pour le premier, n choix pour le deuxième, n choix pour le troisième et ainsi jusqu'au $p^{\text{ième}}$, Le nombre de p-listes est dès lors égal à (nous ne lui attribuons pas de symbole particulier)

$$\boxed{n^p} \tag{1.5}$$

Remarque : comme les répétitions sont possibles (tirages avec remise), il est possible d'avoir p<n.

1.2.5 Combinaisons

Supposons à nouveau que p⩽n.

Une combinaison de p éléments choisis parmi n est une partie à p éléments (**non ordonnés**) issue de l'ensemble E à n éléments.

Nombre de combinaisons de p éléments choisis parmi n

On peut démontrer que ce nombre, noté C_n^p est égal à :

$$\boxed{C_n^p = \frac{n!}{p!\,(n-p)!}} \tag{1.6}$$

Remarque importante

$$\boxed{C_n^p = \frac{A_n^p}{p!}} \tag{1.7}$$

Cette formule est plus rapide d'application que la précédente (voir exercices ci-dessous).

Quelques résultats utiles

$$C_n^p = C_n^{n-p} \qquad C_n^n = C_n^0 = 1 \qquad C_n^1 = C_n^{n-1} = n \tag{1.8}$$

1.2.6 Pour conclure

Le calcul des probabilités par le dénombrement suppose l'équiprobabilité. Cette situation est rare dans les situations physiologiques.

On peut donc dire que cette méthodologie servira très peu dans les situations médicales ou paramédicales.

Mais elle est indispensable pour passer le concours (et c'est ce qui nous intéresse ici !)

1.3 Rappels sur les ensembles

Soit E un ensemble et A et B deux sous-ensembles (parties) de E.

1.3.1 Définitions

1. **Ensemble vide** : c'est l'ensemble $\emptyset$ ne contenant aucun élément.
2. **Union** : $A \cup B = \{x \in E \quad \text{tels que} \quad x \in A \quad \text{ou} \quad x \in B\}$
3. **Intersection** : $A \cap B = \{x \in E \quad \text{tels que} \quad x \in A \quad \text{et} \quad x \in B\}$
4. **Complémentaire** : $C_E^A = \{x \in E \quad \text{tels que } x \notin A\}$
   Dans la suite de ce cours, nous noterons $\overline{A}$ ce dernier ensemble (langage des probabilités), plus simple d'écriture.

1.3.2 Propriétés

On démontre les résultats suivants, admis sans démonstration :

1. $A \cap (B \cup C) = (A \cap B) \cup (A \cap C)$
2. $A \cup (B \cap C) = (A \cup B) \cap (A \cup C)$
3. $\overline{\overline{A}} = A$
4. $\overline{A \cap B} = \overline{A} \cup \overline{B}$
5. $\overline{A \cup B} = \overline{A} \cap \overline{B}$

1.4 Calculs sur les cardinaux

1.4.1 Définition

On appelle cardinal d'un ensemble **fini** le nombre de ses éléments. Donc, si $\mathrm{E} = \{\mathrm{a}_1,\ \mathrm{a}_2, \ldots \mathrm{a}_n\}$, on a $\mathrm{Card\,E} = \mathrm{n}$.

1.4.2 Théorème

Soit alors deux sous-ensembles (parties) de E. On peut démontrer aisément (et nous invitons le lecteur à l'admettre, la démonstration ne présentant pour le concours que peu d'intérêt) la formule suivante :

$$\boxed{\mathrm{Card}\, A \cup B = \mathrm{Card}\, A + \mathrm{Card}\, B - \mathrm{Card}\, A \cap B} \tag{1.9}$$

EXERCICES

1.5 Questions à choix multiples

QCM 1

Combien d'anagrammes du mot latex peut-on former ?
(Rappelons qu'une anagramme est une permutation des lettres conduisant à un mot différent, sans se préoccuper du sens du "mot" ainsi obtenu : ainsi, xelat est une anagramme de latex).

A) $5!$
B) 5^5
C) A_5^5
D) 120
E) C_5^5

QCM 2

Calculer C_{20}^{18}

A) 47,5
B) 380
C) 190
D) 1800
E) Aucun des résultats ci-dessus.

QCM 3

20 chevaux participent à une course. Combien y a-t-il de tiercés dans le désordre ?

A) $3!$
B) A_{20}^3
C) C_{20}^3
D) 3^{20}
E) 1140.

QCM 4

20 chevaux participent à une course. Combien y a-t-il de tiercés dans l'ordre ?

A) $3!$

B) A_{20}^3

C) C_{20}^3

D) 3^{20}

E) 1140.

QCM 5

On considère un jeu de 52 cartes composé de 13 cartes de chacune des "couleurs" (c'est-à-dire trèfle , carreau, coeur et pique, et non rouge ou noir).

Insistons pour ceux qui ne sont pas familiers des jeux de cartes. On a 13 cartes à "pique" : As, Roi, Dame, Valet, 10, 9, 8,...3, 2 (et la même chose à coeur, carreau et trèfle).

Une "main" au poker est obtenue avec 5 cartes choisies parmi ces 52 cartes. Le nombre des mains est égal à :

A) $5!$

B) C_{52}^5

C) A_{52}^5

D) 52^5

E) C_{52}^{47}

QCM 6

Au poker, un "brelan" est la donnée de 3 cartes de même niveau (mais pas 4 qui constituent un carré), c'est-à-dire 3 As, 3 Rois etc.

Le nombre de mains comportant un brelan est égal à :

A) $3!$

B) C_{52}^3

C) $52 \,.\, 24 \,.\, 47$

D) $52 \,.\, 48 \,.\, 47$

E) $C_{48}^2 \,.\, 4 \,.\, 13$

QCM 7

Toujours au poker, combien y a-t-il de mains comportant au moins un Roi ?

A) $C_{52}^5 - C_{48}^5$

B) $4 \,.\, C_{51}^4$

C) C_{48}^5

D) 48^5

E) Aucun de ces résulats.

QCM 8

Une urne contient 4 boules blanches et 6 boules noires. On tire

3 boules simultanément. Le nombre de tirages comportant 2 boules blanches exactement est :

A) C_{10}^3
B) 36
C) 72
D) $6 \,.\, C_4^2$
E) Aucun des résultats ci-dessus.

QCM 9

Le code d'accès d'un coffre comporte 2 chiffres choisis de 0 à 9 (sans répétition) suivis de 4 lettres de l'alphabet (sans répétition). Combien y a-t-il de codes possibles ?

A) $2^{10} \,.\, A_{26}^4$
B) $A_{10}^2 \,.\, 26^4$
C) $A_{10}^2 \,.\, A_{26}^4$
D) $10^2 \,.\, 4^{26}$
E) Aucun des résultats ci-dessus.

QCM 10

Le code d'accès d'un coffre comporte 2 chiffres choisis de 0 à 9 (avec répétition) suivis de 4 lettres de l'alphabet (avec répétition). Combien y a-t-il de codes possibles ?

A) $2^{10} \,.\, 4^{26}$
B) $10^2 \,.\, 26^4$
C) $2^{10} \,.\, 26^4$
D) $10^2 \,.\, 4^{26}$
E) Aucun des résultats ci-dessus.

QCM 11

Combien existe-t-il d'anagrammes du mot théorème (les accents sont volontairement maintenus) ?

Rappelons qu'une anagramme d'un mot est un mot obtenu par simple permutation des lettres de ce mot : ainsi, tom, tmo, otm, omt et mto sont les anagrammes de "mot" (on ne se préoccupe pas de savoir si le mot obtenu a un sens).

A) $8\,!$
B) $6\,!$
C) $6\,! - 1$
D) $8\,! - 1$
E) Autre réponse.

QCM 12

Combien existe-t-il d'anagrammes du mot theoreme (les accents ont été supprimés), en tenant compte du mot theoreme lui-même ?

A) $\frac{8!}{3!}$

B) 8.7.6.5.4

C) $\frac{8!}{3!} - 1$

D) $C_8^3 \,.\, 5!$

E) Aucun de ces résultats.

QCM 13

Sur un ensemble de 100 ouvriers, 50 sont des maçons, 30 sont des plaquistes, 20 sont à la fois maçons et plaquistes, et le reste des ouvriers est constitué d'ouvriers non qualifiés.

Parmi les propositions suivantes, quelle(s) est (sont) celle(s) qui est (sont) exacte(s) ?

A) Le nombre d'ouvriers non qualifiés est égal à 20.

B) Le nombre d'ouvriers non qualifiés est égal à 30.

C) Le nombre d'ouvriers non qualifiés est égal à 40.

D) Le nombre d'ouvriers qui sont soit maçons soit plaquistes est égal à 60.

E) Aucune des propositions ci-dessus n'est exacte.

QCM 14

On considère un jeu de 52 cartes. Au bridge, une main est composée de 13 cartes. Le nombre de mains comportant un carré de rois (4 rois) est égal à :

A) C_{13}^4

B) C_{48}^4

C) A_{48}^9

D) A_{13}^4

E) Aucun de ces résultats.

QCM 15

On considère un jeu de 52 cartes. Au bridge, une main est composée de 13 cartes. Le nombre de mains contenant la dame de coeur est égal à :

A) $C_{52}^{12} - C_{51}^{13}$

B) C_{51}^{13}

C) C_{52}^{12}

D) C_{51}^{12}

E) $C_{52}^{13} - C_{52}^{13}$

CORRIGÉS

QCM 1 A,C,D

Combien d'anagrammes du mot latex peut-on former ?

(Rappelons qu'une anagramme est une permutation des lettres conduisant à un mot différent, sans se préoccuper du sens du "mot" ainsi obtenu : ainsi, xelat est une anagramme de latex).

A) 5 !

VRAI : il s'agit en effet d'une permutation des 5 lettres du mot latex, et voir formule (1.2).

B) 5^5

FAUX : ce n'est pas une 5-liste, puisqu'il n'y a pas de répétitions.

C) A_5^5

VRAI : voir remarque du paragraphe sur les arrangements.

D) 120.

VRAI : 5 !=5.4.3.2.1=120.

E) C_5^5

FAUX : ce ne sont pas des combinaisons (qui ne tiennent pas compte de l'ordre).

QCM 2 C

Calculer C_{20}^{18}

A) 47,5

FAUX : un tel nombre est nécessairement entier (comme l'est par exemple le nombre de façons de choisir 3 étudiant(e)s parmi 20).

B) 380

FAUX.

C) 190

VRAI.

D) 1800

FAUX.

E) Aucun des résultats ci-dessus.

FAUX.

Explications :

Il serait maladroit de calculer directement ce nombre. Il faut exploiter la formule $C_n^p = C_n^{n-p}$: donc

$$C_{20}^{18} = C_{20}^2 = \frac{A_{20}^2}{2!} = \frac{20.19}{2.1} = 10.19 = 190.$$

QCM 3 C,E

20 chevaux participent à une course. Combien y a-t-il de tiercés dans le désordre ?

A) 3 !
FAUX : ce n'est pas une permutation (pas d'ordre notamment).

B) A_{20}^3
FAUX (un arrangement suppose un ordre).

C) C_{20}^3
VRAI.

D) 3^{20}
FAUX : il ne s'agit pas de 3-listes.

E) 1140
VRAI.

Explications :

Comme l'ordre n'intervient pas, il s'agit d'une combinaison (on choisit une partie à 3 éléments dans un ensemble à 20 éléments). Le nombre cherché est donc égal à

$$C_{20}^3 = \frac{A_{20}^3}{3!} = \frac{20.19.18}{3.2} = 20.19.3 = 1140$$

QCM 4 B

20 chevaux participent à une course. Combien y a-t-il de tiercés dans l'ordre ?

A) 3 !
FAUX : on choisit 3 éléments parmi 20 et non 3 éléments parmi 3 (permutation).

B) A_{20}^3
VRAI (un arrangement suppose effectivement un ordre).

C) C_{20}^3
FAUX : voir item B.

D) 3^{20}
FAUX : il ne s'agit pas de 3-listes car il n'y a pas de répétitions (le même cheval n'est pas arrivé deuxième et troisième !).

E) 1140.
FAUX : ce résultat correspond à C_{20}^3. Le bon résultat est $20.19.18 = 6840$.

QCM 5 B,E

On considère un jeu de 52 cartes composé de 13 cartes de chacune des “couleurs” (c'est-à-dire trèfle , carreau, coeur et pique, et non rouge ou noir).

Insistons pour ceux qui ne sont pas familiers des jeux de cartes. On a 13 cartes à “pique” : As, Roi, Dame, Valet, 10, 9, 8,...3, 2 (et la même chose à coeur, carreau et trèfle).

Une "main" au poker est obtenue avec 5 cartes choisies parmi ces 52 cartes. Le nombre des mains est égal à :

A) $5!$
FAUX : ce n'est pas une permutation (d'ailleurs, l'ordre n'intervient pas).

B) C_{52}^5
VRAI : voir explications.

C) A_{52}^5
FAUX : pas d'ordre.

D) 52^5
FAUX : ce n'est pas une 5-liste (pas de répétition).

E) C_{52}^{47}
VRAI : 47 est le complémentaire de 5 à 52.

Explications :

Comme l'ordre n'intervient pas, il s'agit d'une combinaison (on choisit une partie à 5 éléments dans un ensemble à 52 éléments). Le nombre cherché est donc égal à

$$C_{52}^5 = C_{52}^{47}$$

QCM 6 C,E

Au poker, un "brelan" est la donnée de 3 cartes de même niveau (mais pas 4 qui constituent un carré), c'est-à-dire 3 As, 3 Rois, etc.
Le nombre de mains comportant un brelan est égal à :

A) $3!$
FAUX : et fantaisiste.

B) C_{52}^3
FAUX : et fantaisiste.

C) $52 . 24 . 47$
VRAI : voir explications ci-dessous.

D) $52 . 48 . 47$
FAUX.

E) $C_{48}^2 . 4 . 13$
VRAI : voir explications ci-dessous.

Explications :

Le calcul est plus compliqué et se fait en plusieurs étapes :

1. Choisir le niveau du brelan (du brelan de 2 au brelan d'as) : 13 possibilités
   et
2. Une fois le niveau choisi (par exemple un brelan d'as), choisir les 3 cartes du brelan parmi 4, et exclure la $4^{\text{ème}}$ (car on ne veut pas un carré) : on choisit donc 3 cartes parmi 4, ce qui conduit à $C_4^3 = C_4^1 = 4$ possibilités.
   et

3. Il reste à choisir 2 cartes quelconques parmi les 48 restantes (on a retiré les 4 cartes correspondant au brelan choisi), ce qui conduit à C_{48}^2 possibilités.

   Finalement : le résultat est (rappelons qu'en probabilités, le "**et** " correspond à une multiplication) :

$$N = 13\,.\,4\,.\,C_{48}^2 = 52\,.\,\frac{48\,.\,47}{2} = 52\,.\,24\,.\,47$$

QCM 7 A

Toujours au poker, combien y a-t-il de mains comportant au moins un Roi ?

A) $C_{52}^5 - C_{48}^5$
VRAI : voir explications.

B) $4\,.\,C_{51}^4$
FAUX : voir explications.

C) C_{48}^5
FAUX.

D) 48^5
FAUX.

E) Aucun de ces résultats.
FAUX.

Explications :

1. **La solution : :**

   Le plus simple est de passer par l'événement contraire, i.e compter les mains ne contenant aucun roi : on retire les 4 rois, il reste 48 cartes dont on prend (sans ordre) 5 cartes. Il s'agit donc de combinaisons de 5 éléments pris parmi 48 éléments. Le nombre de mains sans roi est donc égal à C_{48}^5. Et le nombre de mains cherché est $C_{52}^5 - C_{48}^5$ où C_{52}^5 est le nombre total de mains (choix de 5 cartes quelconques parmi 52).

2. **Le piège** :

   Un raisonnement faux serait le suivant : on choisit 1 roi parmi 4 (4 choix), et on choisit 4 cartes parmi les 51 restantes, ce qui conduit au résultat $4.C_{51}^4$. On est ainsi sûr d'avoir au moins un roi. Mais ce résultat surestime la vraie valeur (on peut par exemple avoir choisi dans un premier temps le roi de coeur, et avoir ensuite "hérité" du roi de pique, ou avoir d'abord choisi le roi de pique et avoir ensuite "hérité" du roi de coeur : on compte ainsi deux fois le même événement).

QCM 8 B,D

Une urne contient 4 boules blanches et 6 boules noires. On tire 3 boules simultanément. Le nombre de tirages comportant 2 boules blanches exactement est :

A) C_{10}^3
FAUX.

B) 36
VRAI : voir ci-dessous.

C) 72
FAUX.

D) $6.C_4^2$
VRAI : voir ci-dessous.

E) Aucun des résultats ci-dessus.
FAUX.

Explications :

Pour compter le nombre de ces tirages, on peut choisir 2 boules blanches parmi 4 (il n'y a pas d'ordre et donc C_4^2 possibilités) et choisir la troisième boule parmi les 6 boules noires (6 possibilités). Le nombre cherché est donc

$$6\,.\,C_4^2 = 6\,.\,\frac{4.3}{2.1} = 6\,.\,\frac{12}{2} = 6\,.\,6 = 36$$

QCM 9 C

Le code d'accès d'un coffre comporte 2 chiffres choisis de 0 à 9 (sans répétition) suivis de 4 lettres de l'alphabet (sans répétition). Combien y a-t-il de codes possibles ?

A) $2^{10}\,.\,A_{26}^4$ **FAUX.**

B) $A_{10}^2\,.\,26^4$ **FAUX.**

C) $A_{10}^2\,.\,A_{26}^4$ **VRAI : voir ci-dessous.**

D) $10^2\,.\,4^{26}$ **FAUX.**

E) Aucun des résultats ci-dessus **FAUX.**

Explications :

Il faut choisir 2 chiffres parmi 10 sans répétitions possibles : ce choix est donc un arrangement de 2 éléments choisis parmi 10 . Il y en a A_{10}^2. Il faut ensuite choisir 4 lettres parmi 26, sans répétitions possibles. Il s'agit d'un arrangement de 4 éléments choisis parmi 26 éléments. Le nombre de tels arrangements est égal à A_{26}^4.

Comme il faut l'un **ET** l'autre, le nombre de codes possibles est finalement égal à $A_{10}^2\,.\,A_{26}^4$.

QCM 10 B

Le code d'accès d'un coffre comporte 2 chiffres choisis de 0 à 9 (avec répétition) suivis de 4 lettres de l'alphabet (avec répétition). Combien y a-t-il de codes possibles ?

A) $2^{10}.\,4^{26}$ **FAUX.**

B) $10^2.\,26^4$ **VRAI : voir ci-dessous.**

C) $2^{10}.\,26^4$ **FAUX.**

D) $10^2.\,4^{26}$ **FAUX.**

E) Aucun des résultats ci-dessus. **FAUX.**

Explications :

Il faut choisir 2 chiffres parmi 10 avec répétitions possibles : ce choix est donc une 2-liste d'éléments choisis parmi 10. Il y en a 10^2. Il faut ensuite choisir 4 lettres parmi 26, avec répétitions possibles. Il s'agit d'une 4-liste d'éléments choisis parmi 26 éléments. Le nombre de telles listes est égal à 26^4.

Comme il faut l'un **ET** l'autre, le nombre de codes possibles est égal à $10^2 \,.\, 26^4$.

QCM 11 D

Combien existe-t-il d'anagrammes du mot théorème (les accents sont volontairement maintenus) ?

Rappelons qu'une anagramme d'un mot est un mot obtenu par simple permutation des lettres de ce mot : ainsi,tom, tmo, otm, omt et mto sont les anagrammes de “mot” (on ne se préoccupe pas de savoir si le mot obtenu a un sens).

A) $8\,!$ **FAUX.**

B) $6\,!$ **FAUX.**

C) $6\,! - 1$ **FAUX.**

D) $8\,! - 1$ **VRAI : voir ci-dessous.**

E) Autre réponse. **FAUX.**

Explications :

En tenant compte des accents, théorème est constitué de 8 lettres différentes. Une anagramme est obtenue par permutation des lettres de ce mot. Le total est donc $8\,!$. Mais il faut en exclure le mot origine (théorème) : le nombre d'anagrammes de ce mot est donc $(8\,! - 1)$.

QCM 12 A,B,D

Combien existe-t-il d'anagrammes du mot theoreme (les accents ont été supprimés), en tenant compte du mot theoreme lui-même ?

A) $\dfrac{8!}{3!}$ **VRAI : voir explications ci-dessous.**

B) $8.7.6.5.4$ **VRAI : voir explications ci-dessous.**

C) $\dfrac{8!}{3!} - 1$ **FAUX, car on n'exclut pas le mot theoreme lui-même.**

D) $C_8^3 \,.\, 5!$ **VRAI : voir explications ci-dessous.**

E) Aucun de ces résultats. **FAUX.**

Explications :

1. **$1^{\text{ère}}$ solution** :

   Le nombre d'anagrammes du mot théorème (avec des accents) est $3\,!$ fois plus important que celui des anagrammes du mot theoreme (sans accents) : on peut en effet y permuter les 3 lettres e, é et è.

   Donc, le nombre d'anagrammes du mot theoreme est 6 fois plus faible que celui du mot théorème. Ce dernier nombre est donc égal à

$$\frac{8!}{3!} = 8.7.6.5.4$$

2. **$2^{\text{ème}}$ solution** :
   On peut aussi raisonner de la façon suivante : on choisit la position des 3 lettres "e" parmi 8 positions, soit C_8^3 possibilités, qu'il faut ensuite multiplier par le nombre de permutations des 5 lettres différentes restantes sur les 5 positions restantes, soit $5\,!$ possibilités. On obtient ainsi $5\,!\,.\,C_8^3$ possibilités.
   Or :
   $$C_8^3 = C_8^5 = \frac{A_8^5}{5!} = \frac{8.7.6.5.4}{5!} \quad \text{et donc} \quad 5!\,.\,C_8^3 = 8.7.6.5.4$$

QCM 13 C,D

Sur un ensemble de 100 ouvriers, 50 sont des maçons, 30 sont des plaquistes, 20 sont à la fois maçons et plaquistes, et le reste des ouvriers est constitué d'ouvriers non qualifiés.

Parmi les propositions suivantes, quelle(s) est (sont) celle(s) qui est (sont) exacte(s) ?

A) Le nombre d'ouvriers non qualifiés est égal à 20.
FAUX : voir explications ci-dessous.

B) Le nombre d'ouvriers non qualifiés est égal à 30.
FAUX : voir explications ci-dessous.

C) Le nombre d'ouvriers non qualifiés est égal à 40.
VRAI : voir explications ci-dessous.

D) Le nombre d'ouvriers qui sont soit maçons soit plaquistes est égal à 60.
VRAI : voir explications ci-dessous.

E) Aucune des propositions ci-dessus n'est exacte.
FAUX.

Explications :

Soit O l'ensemble des ouvriers, M celui des maçons et P celui des plaquistes. L'ensemble des ouvriers maçons ou plaquistes est $M \cup P$.

D'après la formule (1.9),

$$Card\, M \cup P = Card\, M + Card\, P - Card\, M \cap P = 50 + 30 - 20 = 60$$

Donc, 60 ouvriers sont soit maçons, soit plaquistes. Il en résulte que le nombre d'ouvriers non qualifiés est égal à 40.

QCM 14 E

On considère un jeu de 52 cartes. Au bridge, une main est composée de 13 cartes. Le nombre de mains comportant un carré de rois (4 rois) est égal à :

A) C_{13}^4 **FAUX.**

B) C_{48}^4 **FAUX.**

C) A_{48}^{9} **FAUX.**

D) A_{13}^{4} **FAUX.**

E) Aucun de ces résultats **VRAI : voir ci-dessous.**

Explications :

Une telle main est obtenue en choisissant les 4 rois (un seul choix possible) et 9 cartes parmi les 48 cartes restantes : le nombre de choix (non ordonné) est donc C_{48}^{9}.

QCM 15 D,E

On considère un jeu de 52 cartes. Au bridge, une main est composée de 13 cartes. Le nombre de mains contenant la dame de coeur est égal à :

A) $C_{52}^{12} - C_{51}^{13}$ **FAUX.**

B) C_{51}^{13} **FAUX.**

C) C_{52}^{12} **FAUX.**

D) C_{51}^{12} **VRAI : voir ci-dessous.**

E) $C_{52}^{13} - C_{51}^{13}$ **VRAI : voir ci-dessous.**

Explications :

Une telle main est obtenue en prenant la dame de coeur et en choisissant 12 cartes quelconques parmi les 51 restantes.

Le nombre de ces mains est donc égal à C_{51}^{12}. On peut également raisonner sur l'événement contraire : le nombre cherché est la différence entre le nombre total de mains C_{52}^{13} et celui, égal à C_{51}^{13}, des mains ne contenant pas la dame de coeur (on a retiré la dame de coeur du jeu). Donc :

$$C_{52}^{13} - C_{51}^{13} = \frac{52!}{13!\,39!} - \frac{51!}{13!\,38!} = \frac{51!}{13!\,38!}\left[\frac{52}{39} - 1\right] = \frac{51!}{13!\,38!}\left[\frac{13}{39}\right]$$

Soit

$$C_{52}^{13} - C_{51}^{13} = \frac{51!}{12!\,39!}\,\frac{39}{13}\,\frac{13}{39} = \frac{51!}{12!\,39!} = C_{51}^{12}$$

Chapitre 2

Événements et probabilités

COURS

Le cours de probabilité suppose un arsenal mathématique un peu lourd : notion de tribu ou σ-algèbre définissant les événements, définition d'une probabilité faisant intervenir la notion d'image réciproque, etc.

Ces notions rigoureuses n'intéressent pas le candidat au PACES qui n'a pas choisi cette voie pour faire des mathématiques, et qui la plupart du temps n'en comprend d'ailleurs pas l'intérêt (certains professeurs les abordent néanmoins de façon plus ou moins heureuse).

Dans ce cours, nous n'envisagerons délibérément qu'une version simplifiée des notions d'événement et de probabilité. Que le candidat se rassure : cette approche est largement suffisante pour les exigences du concours, et permet de plus de ne pas s'égarer dans des concepts inutilement encombrants, à la fois trop et insuffisamment détaillés.

2.1 Événements

2.1.1 Ensembles et événements

Soit Ω un ensemble non vide que l'on appellera, en tant qu'ensemble, **l'univers des possibles**. Les éléments de Ω sont appelés **éventualités**.

Par définition, un **événement** est une partie (sous-ensemble) quelconque de Ω[1]. Ainsi :

1. Ω est lui même un événement (c'est la plus grande partie de Ω) appelé **événement certain** (voir probabilités ci-dessous).

[1] C'est cette définition qui est très limitative, mais insistons une dernière fois, largement suffisante pour le PACES.

2. Si A est une partie de Ω (donc un événement au sens de notre défintion), son complémentaire dans Ω, noté $\bar{A}$ est lui-même un événement : $\bar{A}$ **est l'événement contraire** de A.
3. L'ensemble vide $\emptyset$ est un événement appelé **événement impossible** (voir probabilités ci-dessous).
4. L'intersection **dénombrable**[2] d'événements est elle-même un événement. En particulier (cas le plus fréquemment rencontré),

   si A et B sont 2 événements, alors $A \cap B$ est un événement aussi noté **AetB** (notation probabiliste plutôt qu'ensembliste).
5. La réunion **dénombrable** d'événements est elle-même un événement. En particulier (cas le plus fréquemment rencontré),

   si A et B sont 2 événements, alors $A \cup B$ est un événement aussi noté **AouB**.

On dit que les éventualités (éléments) d'un événement (sous-ensemble de Ω) **réalisent** cet événement.

2.1.2 Espace probabilisable

Un ensemble Ω et ses événements constituent un **espace probabilisable** (et que l'on va donc probabiliser au paragraphe suivant, c'est-à-dire y définir une probabilité).

2.2 Probabilité

Schématiquement, une probabilité associe un nombre (compris entre 0 et 1) à tout événement.

2.2.1 Définition plus mathématique

Une probabilité est une application **p** de l'ensemble des parties de Ω, noté $\mathbf{P}(\Omega)$[3] dans l'intervalle $[0\,1]$ de $\mathbf{R}$. Soit :

$$\begin{array}{rrcl} p: & P(\Omega) & \longrightarrow & [0\,1] \\ & A & \longmapsto & p(A) \end{array}$$

vérifiant les propriétés suivantes (dont certaines sont axiomatiques, et dont d'autres s'en déduisent : cette distinction n'intéresse pas notre propos).

---

[2] Un ensemble **dénombrable** est un ensemble E que l'on peut mettre en bijection avec l'ensemble $\mathbf{N}$ (ou une partie de $\mathbf{N}$).

En clair, cela signifie que cet ensemble est, soit un ensemble **fini** (dont on peut alors bien sûr compter les éléments dont le nombre est noté Card E), soit un ensemble **infini** dont on peut toutefois **numéroter** les éléments (nous ne développerons pas la notion de "cardinal" pour les ensembles infinis, largement en dehors du cadre de ce cours.)

Dans la pratique, les seuls ensembles **non dénombrables** (dont on ne peut numéroter les éléments) que vous rencontrerez sont l'ensemble des réels $\mathbf{R}$ ou ses intervalles.

Nous reviendrons sur ces notions au moment de l'étude des variables aléatoires.

[3] Disons-le une dernière fois : l'ensemble des événements n'est pas toujours $\mathbf{P}(\Omega)$, mais c'est quasiment toujours le cas : nous n'envisagerons donc que cette situation.

1. $\mathbf{p}(\Omega) = 1$
2. $\mathbf{p}(\emptyset) = 0$
3. $\forall A,\ 0 \leq \mathbf{p}(A) \leq 1$ (résultat inclus dans la définition).
4. $\mathbf{p}(\bar{A}) = 1 - \mathbf{p}(\mathrm{A})$
5. Pour toute famille dénombrable $\{\mathrm{A}_i\}_{i \in N}$ d'événements 2 à 2 disjoints, on a la relation (jamais utilisée sous cette forme en PACES)

$$\mathbf{p}\,(\bigcup_i A_i) = \sum_i \mathbf{p}(A_i) \tag{2.1}$$

Dans la pratique, on utilisera surtout :

$$\boxed{A \cap B = \emptyset \quad \Longrightarrow \quad \mathbf{p}\,(A \cup B) = \mathbf{p}(A) + \mathbf{p}(B)} \tag{2.2}$$

Ainsi muni d'une probabilité p, l'univers probabilisable Ω est devenu un **espace probabilisé.**

2.2.2 Incompatibilité

Par définition :

$$\boxed{\text{A et B sont incompatibles} \quad \Longleftrightarrow \quad A \cap B = \emptyset}$$

Il ne faudra pas confondre cette notion qui signifie que ces 2 événements ne peuvent se produire simultanément avec celle d'**indépendance** qui signifie que les réalisations (ou non réalisations) de A et B ne sont pas liées.

Ces 2 notions sont souvent confondues, et donc nous y reviendrons.

Si A et B ne sont pas incompatibles (i.e si leur intersection n'est pas vide), on a le théorème général suivant (dont nous ne donnons pas la démonstration, sans intérêt pour le concours PACES).

Quels que soient les événements A et B :

$$\boxed{\mathbf{p}(A \cup B) = \mathbf{p}(A) + \mathbf{p}(B) - \mathbf{p}(A \cap B)} \tag{2.3}$$

Cette formule généralise donc la formule (2.2) ci-dessus.

2.3 Probabilité conditionnelle

Dans un grand nombre de cas, on sera amené à calculer une probabilité connaissant déjà certains résultats : par exemple, on se doute bien qu'un test de grossesse ne donnera pas les mêmes résultats chez une femme enceinte et chez une femme non enceinte (et c'est heureux).

En terme de probabilités, on dira que la probabilité que le test soit positif (événement T^+) chez les femmes enceintes (événement E) est différent (largement supérieur) à la même probabilité chez les femmes non enceintes (événement $\overline{E}$: dans ce dernier cas, on dira que l'on a affaire à un cas "faux positif").

On pourra écrire :

$$\mathbf{p}\,(T^+/E) \geq \mathbf{p}\,(T^+/\overline{E})$$

On lira : " la probabilité que le test soit positif sachant que la femme est enceinte (E est réalisé) est supérieure à la probabilité que le test soit positif sachant que la femme n'est pas enceinte".

Bien entendu, il existe aussi des "faux négatifs" (i.e des femmes enceintes chez lesquelles le test reste négatif).

On a donc affaire à des probabilités **conditionnées** à la réalisation préalable d'un événement (**sachant qu'un événement est réalisé**, ou **sachant l'événement**) Ce type de probabilité est très fréquent (et très important) en PACES et nous en développons maintenant la théorie.

2.3.1 Définition

La probabilité de l'événement A sachant B (ou sachant que B est réalisé, ou conditionnée à B) est donnée par la relation

$$\boxed{p(A/B) = \frac{p(A \cap B)}{p(B)}} \tag{2.4}$$

On en déduit

$$p(A \cap B) = p(B) \,.\, p(A/B) \tag{2.5}$$

de même

$$p(B \cap A) = p(A) \,.\, p(B/A) \tag{2.6}$$

Et comme

$$(B \cap A) = (A \cap B) \tag{2.7}$$

on peut conclure (formule très utile pour le théorème de Bayes que nous verrons plus loin)

$$\boxed{p(A \cap B) = p(A) \,.\, p(B/A) = p(B) \,.\, p(A/B)} \tag{2.8}$$

2.3.2 Événements indépendants

Deux événements sont indépendants si la réalisation de l'un (B par exemple) n'a aucune incidence sur celle de l'autre (A). Autrement dit :

$$p(A/B) = p(A)$$

On en déduit immédiatement

$$\boxed{\text{A et B sont indépendants} \quad \Longleftrightarrow \quad p(A \cap B) = p(A) \,.\, p(B)} \tag{2.9}$$

2.3.3 Formule des probabilités totales

On dit qu'une famille d'événements $\{A_i\}$ $(i \in \{1;n\}$ réalise une **partition finie** de Ω, si ces événements sont disjoints 2 à 2 et si leur réunion redonne Ω.

Autrement dit :

$$\forall i \neq j, \quad A_i \cap A_j = \emptyset \qquad \text{et} \qquad \bigcup_{i=1}^{n} A_i = \Omega$$

Soit alors B un événement quelconque.

On a bien sûr :

$$B = B \cap \Omega = B \cap \left[\bigcup_{i=1}^{n} A_i \right] = \bigcup_{i=1}^{n} (B \cap A_i)$$

Les $B \cap A_i$ sont incompatibles au même titre que les A_i. On en déduit d'après (2.1) :

$$p(B) = p \left[\bigcup_{i=1}^{n} (B \cap A_i) \right] = \sum_{i=1}^{n} p(B \cap A_i)$$

puis, d'après (2.8)

$$\boxed{p(B) = p(A_1) \,.\, p(B/A_1) + p(A_2) \,.\, p(B/A_2) + ...p(A_n) \,.\, p(B/A_n)} \quad (2.10)$$

qui est la forme la plus générale de la **formule des probabilités totales**.

Le cas le plus fréquemment étudié en PACES est celui de la partition en 2 événements A et $\overline{A}$. Nous nous restreindrons donc le plus souvent à cette situation, étant bien entendu que le raisonnement se généralise sans difficulté, comme nous venons de le voir ci-dessus.

Comme $\Omega = A \cup \overline{A}$, on a bien sûr :

$$B = B \cap (A \cup \overline{A}) \quad (2.11)$$

puisque B est inclus dans Ω.

On en déduit (on développe comme en algèbre, en remplaçant $\times$ par $\cap$ et $+$ par $\cup$, voir les propriétés à la fin du chapitre 1)

$$B = (B \cap A) \cup (B \cap \overline{A}) \quad (2.12)$$

Et comme les événements ($B \cap A$ et ($B \cap \overline{A}$) sont incompatibles, puisque A et $\bar{A}$ le sont, on a (formule (2.2)) :

$$p(B) = p(B \cap A) + p(B \cap \overline{A}) \quad (2.13)$$

C'est-à-dire, en utilisant la conséquence de la définition des probabilités conditionnelles (2.5) :

$$\boxed{p(B) = p(A) \,.\, p(B/A) + p(\overline{A}) \,.\, p(B/\overline{A})} \quad (2.14)$$

qui est un cas particulier de la formule des probabilités totales.

2.3.4 Théorème de Bayes

La définition de la probabilité conditionnelle nous donne, par exemple, la probabilité d'un événement B sachant qu'un autre événement A s'est réalisé : cela suppose donc un lien entre B et A, et on peut considérer A comme **l'une des causes** de B.

On s'intéresse maintenant au **problème inverse** (très important, nous le verrons dans le paragraphe suivant) qui s'exprime de cette façon : constatant la survenue de l'événement B, quelle est la probabilité que la cause en soit l'événement A ?

Autrement dit, on demande $p(A/B)$.

À cet effet, on exploite la formule (2.8), dont on tire immédiatement

$$\boxed{p(A/B) = \frac{p(B/A) \, . \, p(A)}{p(B)}} \tag{2.15}$$

où p(B) sera fourni par la formule (2.14) (ou, dans un cas plus général, mais rare, par la formule (2.10)).

On peut illustrer ce théorème par le problème suivant : se présumant enceinte, une femme effectue un test de grossesse qui s'avère positif. Quelle est la probabilité que cette femme soit enceinte (c'est la valeur prédictive positive VPP dont nous reparlerons dans les exercices) ?

Autrement dit, on demande $p(E/T^+)$ (en reprenant les notations vues en introduction du paragraphe "probabilité conditionnelle"). Le théorème de Bayes nous permet de dire

$$p(E/T^+) = \frac{p(T^+/E) \, . \, p(E)}{p(T^+)} \tag{2.16}$$

où les termes de la fraction de droite sont soit donnés dans le texte (termes du numérateur), soit calculés préalablement (dénominateur).

Nous verrons tout cela dans les exercices de fin de chapitre.

EXERCICES

2.4 Questions à choix multiples

QCM 1

Parmi les propositions ci-dessous, quelle(s) est (sont) celle(s) qui est (sont) exacte(s) ?

A) Un événement non vide n'est jamais indépendant de lui-même.

B) L'événement certain Ω est indépendant de lui-même.

C) Un événement non impossible et non certain n'est jamais indépendant de lui même.

D) Si $A \cap B = \emptyset$, les événements sont indépendants.

E) Toutes les réponses ci-dessus sont fausses.

QCM 2

Soit 2 événements A et B tels que A soit inclus dans B ($A \subset B$). On peut dire que

A) Si A est réalisé, B est réalisé.

B) $p(A) \leq p(B)$.

C) $p(B/A) = 1$

D) $p(A/B) = 1$

E) $p(B/A)$ ne peut être égal à p(B).

QCM 3

À propos des événements incompatibles et indépendants

A) Ω n'est jamais incompatible avec un autre événement.

B) Un événement n'est jamais incompatible avec lui-même.

C) Si aucun n'a une probabilité nulle, deux événements ne peuvent être simultanément incompatibles et indépendants.

D) Si B n'est pas vide et si A et B sont incompatibles, $p(A/B) = 0$.

E) Si B n'est pas vide et si A et B sont indépendants, $p(A/B) = p(B)$.

QCM 4

Indépendance et incompatibilité (suite).

A) Dire que A et B sont indépendants, c'est dire que la réalisation de A empêche celle de B.

B) Dire que A et B sont incompatibles, c'est dire que la réalisation de A n'a pas d'incidence sur celle de B.

C) Si A et B sont indépendants, il en est de même de A et $\overline{B}$.

D) Si A et B sont incompatibles, alors $p(\overline{B})/A) = 1$.

E) Si A et B sont incompatibles, alors $p(\overline{B})/A) = 0$.

QCM 5

On considère un jeu de 32 cartes dont on extrait 5 cartes.

Pour celles ou ceux qui ne jouent ni au poker ni à la belote, nous rappelons qu'un tel jeu comporte dans chaque couleur (trèfle, carreau, coeur et pique) les 8 niveaux : As, roi, dame, valet, 10, 9, 8 et 7. Un brelan est un ensemble de 3 (mais pas 4, sinon c'est un carré) cartes de même niveau, un full est une main contenant un brelan et une paire, une couleur est une main comportant 5 cartes de même couleur (au sens défini ci-dessus).

La probabilité d'obtenir un brelan (événement noté B, et qui n'exclut pas d'avoir un full) est égale à :

A) $\dfrac{8\,.\,4.C_{28}^2}{C_{32}^5}$

B) $\dfrac{2.27}{31.29}$

C) $8\,.\,4.C_{28}^2$

D) Environ 0,06.

E) Aucun des résultats ci-dessus.

QCM 6

Avec les mêmes données que celles du QCM 5, la probabilité d'avoir un full (événement F), mais pas une couleur, est égale à :

A) environ 0,007.

B) à peu près 10 fois moins de chance que d'avoir un simple brelan.

C) $\dfrac{6}{31.29}$

D) une chance sur 150 environ.

E) tous les résultats ci-dessus.

QCM 7

Toujours avec un jeu de 32 cartes, la probabilité d'obtenir une couleur

A) est plus faible que celle d'obtenir un brelan.

B) est plus faible que celle d'obtenir un full.

C) est plus forte que celle d'obtenir un full.

D) a pour valeur exacte $\dfrac{1}{31.29}$.

E) a pour valeur approchée 0,001.

QCM 8

La gendarmerie effectue des tests d'alcoolémie à la sortie de débits de boisson le samedi soir. En moyenne, 25% des personnes contrôlées ont dépassé la dose limite et sont considérées comme en état d'ébriété. Pour les confondre, la maréchaussée dispose d'un test qui réagit positivement dans 90% des cas lorsque le sujet a dépassé la limite et dans 5% des cas dans le cas contraire.

A) La probabilité que la personne ait un test positif si elle est en état d'ébriété est égale à 0,9.

B) La probabilité que la personne soit en infraction et que le test soit positif est égale à 0,9.

C) La probabilité que le test ne réagisse pas si la personne est sobre est égale à 0,05.

D) La probabilité que le test ne réagisse pas si la personne est sobre est égale à 0,95.

E) Un sujet est contrôlé. La probabilité qu'il soit sobre est égale à 0,25.

QCM 9

A) Un sujet est contrôlé. La probabilité qu'il ne soit pas inquiété est de l'ordre de 0,26.

B) Un sujet est contrôlé. La probabilité qu'il ne soit pas inquiété est égale à 0,7375.

C) Un sujet présente un test positif. La probabilité qu'il soit en état d'ébriété est comprise entre 0,8 et 0,9.

D) Un sujet présente un test positif. La probabilité qu'il soit en état d'ébriété est comprise entre 0,2 et 0,3.

E) Toutes les propriétés ci-dessus sont fausses.

QCM 10

On considère 2 événements A et B supposés incompatibles, vérifiant $p(A) = 0{,}3$ et $p(A \cup B) = 0{,}8$.

A) $p(B) = 0{,}4$

B) $p(B) = 0{,}5$

C) $p(B) = 0{,}6$

D) $p(B) = 0{,}7$

E) $p(B) = 0{,}8$

QCM 11

Avec les mêmes valeurs que dans le QCM 10, on suppose maintenant que A et B sont indépendants. p(B) est alors égal à :

A) $\frac{5}{7}$

B) $\frac{4}{9}$

C) $\frac{5}{9}$

D) 3

E) Aucune de ces réponses.

QCM 12

Dire que deux maladies A et B sont indépendantes, c'est dire que :

A) Lorsque l'on a la maladie A, on a la maladie B.

B) Lorsque l'on a la maladie A, on n'a pas la maladie B.

C) Il n'est pas possible d'avoir les deux maladies en même temps.

D) Lorsqu'on a la maladie A, on a le même risque d'avoir la maladie B que lorsqu'on n'a pas la maladie A.

E) Lorsqu'on a la maladie A, on a les mêmes "chances" d'avoir la maladie B que de ne pas l'avoir.

QCM 13 (à partir d'annales Paris 6 (1997))

Sur 1 million de sujets, on dénombre 50 000 sujets ayant la maladie A, 100 000 ayant la maladie B et 10 000 atteints des deux maladies à la fois.

A) p(A) = 0,05

B) $p(A \cap B) = 0,01$

C) $p(A \cup B = 0,15$

D) $p(A \cup B) = 0,14$

E) $p((\overline{B}) = 0,9$.

QCM 14

Soit A et B 2 événements, parties d'un même univers.

A) Si A et B sont incompatibles, alors ils sont indépendants.

B) A et $\overline{A}$ ne peuvent être indépendants.

C) $p(A/\overline{B}) = 1 - p(A/B)$

D) Si A et B sont indépendants, $\overline{A}$ et $\overline{B}$ sont indépendants.

E) Si A et B sont indépendants, alors

$$p(A/B) = p(A/\overline{B})$$

QCM 15

Soit A et B deux événements d'un même univers Ω tels que $p(A) = 0{,}5$ et $p(A \cap \overline{B}) = 0{,}3$.

On peut démontrer que $p(A \cap B)$ est égale à :

A) 0,15
B) 0,20
C) 0,25
D) 0,30
E) 0,40

CORRIGÉS

QCM 1 B,C

Parmi les propositions ci-dessous, quelle(s) est (sont) celle(s) qui est (sont) exacte(s) ?

A) Un événement non vide n'est jamais indépendant de lui-même.

FAUX : l'autre possibilité est l'événement certain : voir ci-dessous.

B) L'événement certain Ω est indépendant de lui-même.

VRAI : voir ci-dessous.

C) Un événement non impossible et non certain n'est jamais indépendant de lui même.

VRAI : voir calcul ci-dessous. Plus prosaïquement, on ne peut pas dire que la réalisation de l'événement A n'a aucune influence sur la réalisation de A lui-même, puisque A s'est réalisé ! (les cas "impossible" et "certain" étant plus difficiles à imaginer).

D) Si $A \cap B = \emptyset$, les événements sont indépendants.

FAUX : ils sont incompatibles.

E) Toutes les réponses ci-dessus sont fausses.

FAUX.

Explications

Soit un événement A. D'après la définition, A est indépendant de lui-même si et seulement si

$$p(A \cap A) = p(A) \,.\, p(A)$$

c'est-à-dire (puisque $A \cap A = A$),

$$p(A) = [p(A)]^2 \quad \text{soit} \quad p(A) \,.\, [1 - p(A)] = 0$$

soit finalement

$$p(A) = 0 \quad \text{ou} \quad p(A) = 1.$$

Les seuls événements indépendants d'eux-mêmes sont donc l'événement impossible $\emptyset$ et l'événement certain Ω (et, dans le cas des probas continus, les singletons du type $\{x\}$).

QCM 2 A,B,C

Soit 2 événements A et B tels que A soit inclus dans B ($A \subset B$). On peut dire que

A) Si A est réalisé, B est réalisé.

VRAI : en effet, dire que A est réalisé signifie qu'une de ses éventualités (un des éléments de A) s'est réalisée. Mais comme tout élément de A est élément de B, une des éventualités de B s'est donc aussi réalisée.

B) $p(A) \leq p(B)$.

VRAI : comme $B = A \cup (B - A)$[4]**, on a :**
$p(B) = p(A) + p(B - A)$ **puisque A et (B−A) sont incompatibles. La conclusion découle de ce que p (B−A) $\geq$ 0 (comme toute probabilité).**

C) $p(B/A) = 1$

VRAI : c'est la traduction mathématique de l'item A. On peut aussi vérifier que (voir indication en fin de QCM)

$$p(B/A) = \frac{p(A \cap B)}{p(B)} = \frac{p(B)}{p(B)} = 1$$

D) $p(A/B) = 1$

FAUX, sauf si $A = B$.

E) $p(B/A)$ ne peut être égal à p(B).

FAUX : ils sont égaux si A et B sont indépendants.

INDICATION : $A \subset B \implies A \cap B = A$.

QCM 3 C,D

À propos des événements incompatibles et indépendants

A) Ω n'est jamais incompatible avec un autre événement.

FAUX : il est incompatible avec l'ensemble vide puisque $\Omega \cap \emptyset = \emptyset$.

B) Un événement n'est jamais incompatible avec lui-même.

FAUX : l'ensemble vide est l'exception.

C) Si aucun n'a une probabilité nulle, deux événements ne peuvent être simultanément incompatibles et indépendants.

VRAI : voir explication ci-dessous (raisonnement par l'absurde : on démontre que si deux événements sont incompatibles et indépendants, l'un des deux est vide.

D) Si B n'est pas vide et si A et B sont incompatibles, $p(A/B) = 0$.

VRAI : car

$$p(A/B) = \frac{p(A \cap B)}{p(B)} = 0$$

puisque A et B sont incompatibles.
On peut aussi répondre sans calcul : si B est réalisé, A ne peut l'être puisqu'ils sont incompatibles, d'où le résultat.

[4] B−A est l'ensemble des éléments de B qui ne sont pas dans A.

E) Si B n'est pas vide et si A et B sont indépendants, $p(A/B) = p(B)$.

FAUX :

$$p(A/B) = \frac{p(A \cap B)}{p(B)} = \frac{p(A) \,.\, p(B)}{p(B)} = p(A)$$

C'est d'ailleurs ce qui a été vu dans la définition.

Explication de l'item C

Si deux événements sont indépendants et incompatibles, on a

$$p(A \cap B) = p(A) \,.\, p(B) = 0$$

puisque $p(A \cap B) = p(\emptyset) = 0$ (A et B sont supposés incompatibles).

On en déduit p(A) = 0 ou p(B) = 0, ce qui est exclu dans l'hypothèse.

On peut le comprendre intuitivement (sauf pour le cas particulier de l'ensemble vide) en remarquant que si A et B sont incompatibles et que A s'est réalisé, B ne peut se réaliser (sinon ils ne seraient pas incompatibles !). A et B ne sont dès lors pas indépendants.

QCM 4 C,D

Indépendance et incompatibilité (suite).

A) Dire que A et B sont indépendants, c'est dire que la réalisation de A empêche celle de B.

FAUX : au contraire, elle n'a aucune incidence.

B) Dire que A et B sont incompatibles, c'est dire que la réalisation de A n'a pas d'incidence sur celle de B.

FAUX : elle l'empêche.

C) Si A et B sont indépendants, il en est de même de A et $\overline{B}$.

VRAI : intuitivement, si la réalisation ou la non réalisation de l'événement contraire de B avait une incidence sur celle de B, alors il en serait de même de la réalisation de B (qui entraîne la non réalisation de $\overline{B}$).
Pour l'aspect mathématique, voir explication ci-dessous.

D) Si A et B sont incompatibles, alors $p(\overline{B})/A) = 1$.

VRAI : car on a alors $A \subset \overline{B}$, et donc si A est réalisé par une de ses éventualités, $\overline{B}$ l'est aussi puisque toute éventualité de A est dans $\overline{B}$ (voir aussi QCM 2 item C pour l'aspect mathématique).

E) Si A et B sont incompatibles, alors $p(\overline{B})/A) = 0$.

FAUX : voir item D.

Explication de l'item C

On suppose A et B indépendants, c'est-à-dire $p(A \cap B) = p(A) \,.\, p(B)$.
Rappelons le résultat (**très utilisé**) du cours :

$$A = (A \cap B) \cup (A \cap \overline{B})$$

soit, puisque $(A \cap B)$ et $(A \cap \bar{B})$ sont incompatibles (à cause de B et $\overline{B}$),

$$p(A) = p(A \cap \overline{B}) + p(A \cap B)$$

d'où

$$p(A \cap \overline{B}) = p(A) - p(A \cap B) = p(A) - p(A) \,.\, p(B)$$

puisque A et B sont indépendants par hypothèse, et donc :

$$p(A \cap \overline{B}) = p(A) \,.\, [1 - p(B)] = p(A) \,.\, p(\overline{B})$$

A et $\overline{B}$ sont donc bien indépendants.

Ce calcul et certains de ceux qui vont suivre peuvent sembler un peu lourds : nous conseillons toutefois aux étudiants de les conduire avec ténacité jusqu'à leur terme, car ils n'en auront plus guère le temps une fois l'année universitaire commencée.

Ils seront ainsi débarrassés de cette difficulté et pourront manipuler ces concepts avec une grande fluidité.

QCM 5 A,B,D

On considère un jeu de 32 cartes dont on extrait 5 cartes.

Pour celles ou ceux qui ne jouent ni au poker ni à la belotte, nous rappelons qu'un tel jeu comporte dans chaque couleur (trèfle, carreau, coeur et pique) les 8 niveaux : As, roi, dame, valet, 10, 9, 8 et 7. Un brelan est un ensemble de 3 (mais pas 4, sinon c'est un carré) cartes de même niveau, un full est une main contenant un brelan et une paire, une couleur est une main comportant 5 cartes de même couleur (au sens défini ci-dessus).

La probabilité d'obtenir un brelan (événement noté B ci-dessous, et qui n'exclut pas d'avoir un full) est égale à :

A) $\dfrac{8\,.\,4.C_{28}^2}{C_{32}^5}$ **VRAI.**

B) $\dfrac{2.27}{31.29}$ **VRAI.**

C) $8\,.\,4.C_{28}^2$ **FAUX : il s'agit là de Card (B), qui est d'ailleurs supérieur à 1 et ne peut donc être une probabilité.**

D) Environ 0,06. **VRAI.**

E) Aucun des résultats ci-dessus. **FAUX.**

Explications

Les calculs sur des jeux de cartes sont rarement posés en PACES. En revanche, ils constituent d'excellents exercices permettant d'acquérir une bonne maîtrise des calculs sur les combinaisons.

1. On admet ici que les tirages sont équiprobables (pas de triche !). Dans ces conditions, on peut appliquer la formule

$$p(B) = \frac{Card\, B}{Card\; \Omega}$$

où Ω est l'ensemble de tous les tirages au hasard de 5 cartes parmi 32 cartes. On a donc

$$Card\ \Omega = C_{32}^5$$

2. Pour dénombrer les cas favorables, on procède pas à pas (comme si l'on choisissait ce brelan dans la réalité) :
   (a) choix du niveau (as, roi, etc.) du brelan : 8 ;
   (b) **et** choix des 3 cartes du brelan parmi 4 : $C_4^3 = C_4^1 = 4$.
   On exclut alors la quatrième carte du niveau choisi (de façon à ne pas avoir de carré) ;
   (c) **et** choix de 2 cartes parmi les 28 restantes : C_{28}^2.

On en déduit (rappelez-vous que le "**et**" correspond à une multiplication)

$$Card\,(B) = 8\,.\,4.C_{28}^2$$

et donc

$$p(B) = \frac{8\,.\,4.C_{28}^2}{C_{32}^5} = \frac{32.28.27}{2.1} \times \frac{5.4.3.2.1}{32.31.30.29.28} = \frac{27.5.4.3}{31.30.29}$$

soit

$$p(B) = \frac{2.27}{31.29} \simeq \frac{2.9}{300} \simeq \frac{6}{100} = 0,06.$$

QCM 6 A,B,C,D,E

Avec les mêmes données que celles du QCM 5, la probabilité d'avoir un full (événement F), mais pas une couleur, est égale à :

A) environ 0,007. **VRAI.**

B) à peu près 10 fois moins de chance que d'avoir un simple brelan. **VRAI : voir QCM 5.**

C) $\frac{6}{31.29}$ **VRAI.**

D) une chance sur 150 environ. **VRAI.**

E) tous les résultats ci-dessus. **VRAI.**

Explications

Card Ω est bien sûr toujours le même qu'au QCM 5.
Pour évaluer p(F), on applique la même méthode qu'au QCM 5 :

1. Détermination du niveau de la paire et du brelan : on choisit 2 niveaux (nécessairement différents) parmi 8, soit :

$$C_8^2 = \frac{8.7}{2.1} \quad \text{possibilités.}$$

2. On décide ensuite de quel niveau sera le brelan et de quel niveau sera la paire : il y a 2 possibilités.
3. On choisit les 3 cartes du brelan parmi 4, soit $C_4^3 = C_4^1 = 4$ possibilités.

4. On choisit les 2 cartes parmi 4 qui constitueront une paire soit

$$C_4^2 = \frac{4.3}{2} = 6 \quad \text{possibilités.}$$

Finalement, la probabilité d'obtenir un full (mais pas une couleur) est égale à

$$p(F) = \frac{8.7.2.4.6}{2.1} \times \frac{5.4.3.2.1}{32.31.30.29.28} = \frac{3.2}{31.29} \simeq \frac{2}{300} \simeq 0,0067 \simeq 0,007$$

Remarque : Vous serez souvent amenés à effectuer ce genre d'approximations car les calculettes sont interdites. En règle générale, les résultats proposés sont suffisamment différents les uns des autres pour qu'il n'y ait pas de risque que l'approximation conduise à un résultat incorrect.

QCM 7 A,B,D,E

Toujours avec un jeu de 32 cartes, la probabilité d'obtenir une couleur

A) est plus faible que celle d'obtenir un brelan. **VRAI.**

B) est plus faible que celle d'obtenir un full. **VRAI.**

C) est plus forte que celle d'obtenir un full. **FAUX.**

D) a pour valeur exacte $\frac{1}{31.29}$ **VRAI.**

E) a pour valeur approchée 0,001 **VRAI.**

EXPLICATIONS

Pour calculer la probabilité d'obtenir une couleur (événement C), on utilise la même méthode qu'aux 2 QCMs précédents :

1. Choix de la couleur parmi 4 : 4 possibilités.
2. Une fois la couleur déterminée, il faut choisir 5 cartes parmi les 8 d'une même couleur (As, Roi,...8,7) : on a $C_8^5 = C_8^3$ façons de le faire.

Donc,

$$Card\, C = 4 \,.\, C_8^3 = 4.\frac{8.7.6}{3.2.1}$$

Finalement,

$$p(C) = 4 \times \frac{8.7.6}{3.2.1} \times \frac{5.4.3.2.1}{32.31.30.29.28} = \frac{1}{31.29} \simeq \frac{1}{1000}$$

QCM 8 A,D

La gendarmerie effectue des tests d'alcoolémie à la sortie de débits de boisson le samedi soir. En moyenne, 25% des personnes contrôlées ont dépassé la dose limite et sont considérées comme en état d'ébriété. Pour les confondre, la maréchaussée dispose d'un test qui réagit positivement dans 90% des cas lorsque le sujet a dépassé la limite et dans 5% des cas dans le cas contraire.

A) La probabilité que la personne ait un test positif si elle est en état d'ébriété est égale à 0,9.

VRAI : c'est la traduction des hypothèses.

B) La probabilité que la personne soit en infraction et que le test soit positif est égale à 0,9.

FAUX : elle est égale à 0,25.0,9 = 0,225.

C) La probabilité que le test ne réagisse pas si la personne est sobre est égale à 0,05.

FAUX : ce nombre est la probabilité que le test réagisse sur un élément sobre (ce qu'on appelle des "faux positifs").

D) La probabilité que le test ne réagisse pas si la personne est sobre est égale à 0,95.

VRAI.

E) Un sujet est contrôlé. La probabilité qu'il soit sobre est égale à 0,25.

FAUX : Il s'agit de $\overline{E}$. Donc, p($\overline{E}$) = 1−p(E) =1− 0,25= 0,75.

Explications

Appelons E l'événement : le sujet est en infraction (Ébriété) et T l'événement "le test est positif". Il ne faut pas confondre p(E ∩ T), ou on n'a aucune information sur les 2 événements, et p(T/E) où l'on sait que le sujet est en état d'ébriété (ces notions sont souvent confondues).

À l'item A, on demande p(E∩T)=p(E) p(T/E)=0,25.0,9=0,225.

À l'item D, on demande p($\overline{T}$/E) = 1−p(T/E) = 1−0,05.

QCM 9 B,C

A) Un sujet est contrôlé. La probabilité qu'il ne soit pas inquiété est de l'ordre de 0,26.

FAUX : au contraire, cette probabilité est celle que le test soit positif. : voir explications ci-dessous.

B) Un sujet est contrôlé. La probabilité qu'il ne soit pas inquiété est égale à 0,7375.

VRAI : voir ci-dessous.

C) Un sujet présente un test positif. La probabilité qu'il soit en état d'ébriété est comprise entre 0,8 et 0,9.

VRAI : voir ci-dessous.

D) Un sujet présente un test positif. La probabilité qu'il soit en état d'ébriété est comprise entre 0,2 et 0,3.

FAUX : voir item C.

E) Toutes les propriétés ci-dessus sont fausses.

FAUX.

Explications

À l'item A, on demande p($\overline{T}$), seule condition pour laquelle le sujet sera réputé sobre (à tort ou à raison). Le test peut être positif pour des sujets sobres ou en état d'ébriété. On peut donc appliquer la formule des probabilités totales :

$$p(T) = p(E)\,p(T/E) + p(\overline{E})\,p(T/\overline{E}) = (0,25.0,9) + (0,75.0,05)$$

soit

$$p(T) = 0,2250 + 0,0375 = 0,2625$$

Donc

$$p(\overline{T}) = 1 - p(T) = 1 - 0,2625 = 0,7375$$

À l'tem C, on demande p(E/T). On utilise la formule de Bayes :

$$p(E/T) = \frac{p(T/E)\,p(E)}{p(T)} = \frac{0,9.0,25}{0,2625}$$

légèrement inférieure à 0,9 car 0,25 est légèrement inférieur à 0,2625.

QCM 10 B

On considère 2 événements A et B supposés incompatibles, vérifiant p(A) = 0,3 et p(A ∪ B) = 0,8.

A) p(B) = 0,4 **FAUX.**
B) p(B) = 0,5 **VRAI.**
C) p(B) = 0,6 **FAUX.**
D) p(B) = 0,7 **FAUX.**
E) p(B) = 0,8 **FAUX.**

Explications

On a
$p(A \cup B) = p(A) + p(B)$ car A et B sont incompatibles. Donc
$p(B) = p(A \cup B) - p(A) = 0,8 - 0,3 = 0,5.$

QCM 11 A

Avec les mêmes valeurs que dans le QCM 10, on suppose maintenant que A et B sont indépendants. p(B) est alors égal à :

A) $\frac{5}{7}$ **VRAI.**
B) $\frac{4}{9}$ **FAUX.**
C) $\frac{5}{9}$ **FAUX.**
D) 3 **FAUX.**
E) Aucune de ces réponses **FAUX : voir A.**

Explications

On a la formule générale
$p(A \cup B) = p(A) + p(B) - p(A \cap B) = p(A) + p(B) - p(A)\,p(B)$ puisque A et B sont indépendants $[p(A \cap B) = p(A)\,p(B)]$

D'où (en posant p(B) = x) :

$0,8 = 0,3 + x - 0,3x = 0,3 + 0,7x$
et donc : $0,7x = 0,8 - 0,3 = 0,5$ Soit finalement
$x = p(B) = \frac{5}{7}$

QCM 12 D,E

Dire que deux maladies A et B sont indépendantes, c'est dire que :

A) Lorsque l'on a la maladie A, on a la maladie B.

FAUX : aucun rapport entre les deux maladies puisqu'elle sont indépendantes.

B) Lorsque l'on a la maladie A, on n'a pas la maladie B.

FAUX : même remarque que pour l'item A.

C) Il n'est pas possible d'avoir les deux maladies en même temps.

FAUX : cela voudrait dire qu'elles sont incompatibles.

D) Lorsqu'on a la maladie A, on a le même risque d'avoir la maladie B que lorsqu'on n'a pas la maladie A.

VRAI : puisqu'elles sont indépendantes.

E) Lorsqu'on a la maladie A, on a les mêmes "chances" d'avoir la maladie B que de ne pas l'avoir.

VRAI : puisqu'elles sont indépendantes.

QCM 13 (à partir d'annales Paris 6 (1997)) A,B,D,E

Sur 1 million de sujets, on dénombre 50 000 sujets ayant la maladie A, 100 000 ayant la maladie B et 10 000 atteints des deux maladies à la fois.

A) p(A)=0,05 **VRAI.**

B) $p(A \cap B) = 0,01$ **VRAI.**

C) $p(A \cup B = 0,15$ **FAUX.**

D) $p(A \cup B) = 0,14$ **VRAI.**

E) $p((\overline{B}) = 0,9$ **VRAI.**

Explications

$$p(A) = \frac{50000}{1000000} = 0,05. \quad \text{A est donc vraie.}$$

$$p(A \cap B) = \frac{10000}{1000000} = 0,01. \quad \text{B est donc vraie.}$$

$$p(B) = \frac{100000}{1000000} = 0,1$$

On en déduit :

$$p(A \cup B) = p(A) + p(B) - p(A \cap B)$$

soit

$$p(A \cup B) = 0,05 + 0,1 - 0,01 = 0,14 \quad \text{D est donc vraie et C est fausse}$$

Enfin : $p(\overline{B}) = 1 - p(B) = 1 - 0,1 = 0,9$. E est donc vraie.

QCM 14 B,D,E

Soit A et B 2 événements, parties d'un même univers.

A) Si A et B sont incompatibles, alors ils sont indépendants.

FAUX : répétons-le, ce sont des notions sans rapport. Pour l'aspect mathématique, voir explications ci-dessous.

B) A et $\overline{A}$ ne peuvent être indépendants.

VRAI : il est bien clair que si A est réalisé, $\bar{A}$ ne l'est pas. Ces deux événements sont donc totalement liés. Pour l'aspect mathématique (entraînez-vous !), voir explications ci-dessous.

C) $p(A/\overline{B}) = 1 - p(A/B)$.

FAUX : surtout ne pas confondre avec $p(\overline{A}/B) = 1 - p(A/B)$

D) Si A et B sont indépendants, $\overline{A}$ et $\overline{B}$ sont indépendants.

VRAI : c'est intuitivement évident ! Mais l'aspect mathématique est donné en explications ci-dessous.

E) Si A et B sont indépendants, alors

$$p(A/B) = p(A/\overline{B})$$

VRAI : l'item D nous permet de conclure que si A et B sont indépendants, il en sera de même de $\bar{A}$ et B, et de $\bar{B}$ et A (raisonnement analogue). Dans ce cas, la réalisation de A n'est pas assujettie à celle de B (ou de $\bar{B}$ et les deux expressions proposées sont toutes deux égales à p(A).

Explications

1. Item A : pour que A et B soient indépendants, il faudrait $p(A \cap B) = p(A).p(B)$. Or, s'ils sont incompatibles (c'est l'hypothèse), $A \cap B = \emptyset$.

   Il en résulte : $p(A \cap B) = 0$. Il faut donc que p(A) ou p(B) soit nul, et ce n'est donc vrai que si un des deux ensembles est vide, ce qui n'est pas supposé.

2. Item B : Si A et $\overline{A}$ sont indépendants, alors

   $$p(A \cap \overline{A}) = p(A)\,p(\overline{A}) = 0$$

   puisque A et $\bar{A}$ sont incompatibles. Cela n'est possible que dans le cas très particulier où $A = \emptyset$ ou $A = \Omega$ (car alors c'est $\overline{A}$ qui est vide).

3. Item D :

   $$p[(\overline{A} \cap \overline{B}] = p[\overline{A \cup B}] = 1 - p[A \cup B] = 1 - [p(A) + p(B) - p(A \cap B)]$$

   Soit, puisque A et B sont supposés indépendants :

   $$p[(\overline{A} \cap \bar{B}] = 1 - p(A) - p(B) + p(A)\,p(B) = [1 - p(A)].[1 - p(B)] = p(\overline{A})\,p(\overline{B})$$

QCM 15 B

Soit A et B deux événements d'un même univers Ω tels que p(A) = 0,5 et p(A∩ $\overline{B}$) = 0,3.

On peut démontrer que p(A∩B) est égale à :

A) 0,15 **FAUX.**
B) 0,20 **VRAI.**
C) 0,25 **FAUX.**
D) 0,30 **FAUX.**
E) 0,40 **FAUX.**

Explications

D'après le théorème des probabilités totales :

$$p(A) = p(A \cap B) + p(A \cap \overline{B})$$

$$p(A \cap B) = p(A) - p(A \cap \overline{B}) \quad \text{(formule utile !)}$$

D'où le résultat.

Chapitre 3

Variables aléatoires

COURS

3.1 Définitions et premières propriétés

La notion de variable aléatoire est assez intuitive.

Supposons le jeu très simple suivant : on lance une pièce de monnaie. Si on sort “pile”, on gagne 1 point et on perd 2 points si c'est le “face” qui tombe (la pièce peut être truquée ou non).

Si $\Omega = \{P, F\}$, on a ainsi arbitrairement associé à chaque éventualité de Ω un nombre réel, $+1$ à l'éventualité P, -2 à l'éventualité F : ceci est une variable aléatoire. D'où :

3.1.1 Définition

Soit un espace probabilisé Ω. Une variable aléatoire sur cet espace est une application :

$$\begin{array}{rccc} X : & \Omega & \longrightarrow & R \\ & \omega & \longmapsto & X(\omega) \end{array}$$

qui, à chaque éventualité de Ω fait correspondre un nombre réel (il y a des conditions supplémentaires, mais nous avons signalé en début de ce cours que nous ne rentrerions pas dans ce genre d'exigence mathématique).

3.1.2 Propriétés

1. Soit X une variable aléatoire, les fonctions usuelles :
   $aX + b$, X^2, lnX (si X est à valeur dansR^{*+}), e^X, etc.
   sont des variables aléatoires définies sur Ω ou une partie de Ω.

2. si X, Y, Z, etc. sont des variables aléatoires définies sur Ω, alors XY, X+Y+.. etc. sont des variables aléatoires définies sur le même Ω.

3.1.3 Définitions

1. Si Ω est un ensemble fini, la variable aléatoire est dite finie.
2. Si Ω est infini dénombrable, la variable est dite infinie dénombrable.

   Dans les deux cas précédents, la variable est dite **discontinue ou discrète**
3. Si Ω est infini non dénombrable (R ou l'un de ses intervalles), la variable est dite **continue**

Dans la suite de ce chapitre, nous n'envisageons que les variables discrètes (finies ou infinies), reportant l'étude des variables continues au chapitre suivant.

3.2 Ensemble fini

On peut donc numéroter les valeurs de la variable de 1 à n :

$$\Omega = \{x_1, x_2, ...x_n\}$$

La loi de X est alors parfaitement définie par

$$p(X = x_i) = p_i$$

Comme

$$p(\Omega) = p(x_1) + p(x_2) + ...p(x_n) = 1,$$

on obtient le résultat très utilisé suivant

$$\boxed{\sum_{i=1}^{n} p_i = 1} \tag{3.1}$$

qui est la **condition de normalisation**.

3.2.1 Fonction de répartition

Définition

C'est la fonction définie sur R de la façon suivante : pour tout x de R,

$$\boxed{F(x) = Prob\,(X \leq x)} \tag{3.2}$$

(nous utiliserons indifféremment les écritures "p" ou "prob", avec ou sans majuscule, pour l'expression d'une probabilité.)

Propriétés

On démontre facilement les résultats suivants :

1. F est continue à droite.
2. F est croissante (plus précisément non décroissante).
3. $\lim_{x \to -\infty} \mathrm{F(x)} = 0.$
4. $\lim_{x \to +\infty} \mathrm{F(x)} = 1.$

Nous retrouverons ces mêmes propriétés dans le cas continu.

Aspect graphique

Nous représentons ci-dessous le cas de la fonction de répartition attachée à la série statistique suivante

$$X(\Omega) = \{x_1, x_2, x_3, x_4\} \quad \text{avec} \quad p_i = \text{prob}(X = x_i)$$

Dans le cas discret, la fonction de répartition prend l'aspect d'une fonction en escalier croissante.

Les points situés aux extrémités gauches des segments traduisent la continuité à droite, alors que les crochets verticaux expriment que la valeur x_i est exclue (pour information, car l'étudiant de PACES ne sera pas concerné par ces questions purement mathématiques).

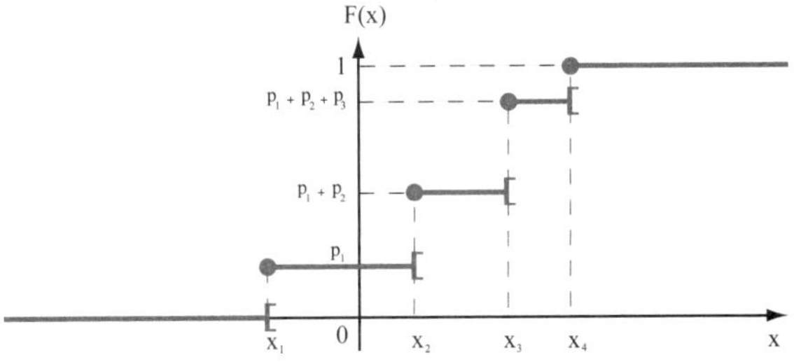

FIG. 3.1 – Fonction de répartition dans le cas discret.

Explications détaillées

1. $x < x_1$: d'après la série statistique, ce cas est impossible, donc F(x) $= 0$.
2. $x_1 \leqslant x < x_2$:
   $F(x) = prob(X \leqslant x) = \text{prob}(X < x_1) + \text{prob}(X = x_1) + \text{prob}(x_1 < X \leqslant x < x_2)$
   Soit : $F(x) = p_1 + 0 = p_1$.
3. $x_2 \leqslant x < x_3$:
   $F(x) = \text{prob}(X \leqslant x) = \text{prob}(X < x_1) + \text{prob}(X = x_1) + \text{prob}(x_1 < X < x_2) + \text{prob}(X = x_2) + \text{prob}(x_2 < X \leqslant x < x_3)$
   Soit : $F(x) = 0 + p_1 + 0 + p_2 = p_1 + p_2$
   On démontre de même :

4. $x_3 \leqslant x < x_4$: $F(x) = p_1 + p_2 + p_3$
   et
5. $x_4 \leqslant x$: $F(x) = p_1 + p_2 + p_3 + p_4 = 1$

Il faut bien comprendre qu'à chaque valeur x_i, la courbe fait un "saut" égal à p_i. C'est une des différences majeures avec le cas continu où il n'y a pas de ' "saut" car la probabilité est nulle pour toute valeur de x.

3.3 Espérance mathématique

3.3.1 Définition

C'est la grandeur donnée par l'expression

$$\boxed{E(X) = \sum_{i=1}^{n} x_i p_i} \tag{3.3}$$

Cette grandeur est l'équivalent de la moyenne $\overline{x}$ que nous verrons dans le chapitre des statistiques.

3.3.2 Propriétés

L'espérance est linéaire, i.e :

$$\boxed{E(aX + bY) = aE(X) + bE(Y)} \tag{3.4}$$

en particulier :

$$\boxed{E(aX + b) = aE(X) + b} \tag{3.5}$$

puisque E(b)=b (dans un langage statistique, la moyenne d'une valeur constante est égale à cette valeur).

3.4 Variance-Écart-type

3.4.1 Définitions

C'est la grandeur :

$$\boxed{V(X) = E[(X - E(X))^2]} \tag{3.6}$$

3.4.2 Propriétés

Développons l'expression précédente :

$$(X - E(X))^2 = X^2 - 2.X.E(X) + [E(X)]^2$$

donc

$$V(X) = E[X^2 - 2.X.E(X) + [E(X)]^2] = E(X^2) - 2E[X.E(X)] + E[[E(X)]^2]^2$$

donc

$$V(X) = E(X^2) - 2[E(X)]^2 + [E(X)]$$

puisque E(X) est une constante. Soit finalement (théorème de Koenig) :

$$\boxed{V(X) = E(X^2) - [E(X)]^2} \tag{3.7}$$

(Le lecteur non intéressé par les développements mathématiques peut se contenter d'apprendre les formules encadrées).

Attention : la variance n'est pas linéaire. On a en particulier :

$$V(aX) = E[(aX)^2] - [E(aX)]^2 = E[a^2X^2] - [aE(X)]^2 = a^2E(X^2) - a^2[E(X)]^2$$

Soit, d'après 3.7

$$V(aX) = a^2V(X)$$

Nous reviendrons sur les propriétés de la variance après avoir traité le paragraphe concernant les **couples de variables aléatoires** au paragraphe suivant.

3.5 Lois conjointes

3.5.1 Définition

On peut être amené à étudier simultanément les variations aléatoires de 2 variables différentes attachées à un même individu (taille et poids par exemple) ou non (hygrométrie au mois d'août et chiffre d'affaires d'un vendeur de glaces sur la plage le même mois).

Pour simplifier, car c'est le cas le plus fréquent, nous supposons que les deux variables sont définies sur un même individu.

On définit ainsi un **couple de variables aléatoires (X,Y)**, où X et Y sont des variables définies sur le même univers Ω.

L'étude des probabilités des "valeurs" de ces couples constitue une **loi conjointe**. Précisons : soit

$$X(\Omega) = \{x_1, x_2, ..., x_i, ..., x_q\} \tag{3.8}$$

et,

$$Y(\Omega) = \{y_1, y_2, ..., y_j, ..., y_p\} \tag{3.9}$$

A priori, on peut associer à toute éventualité ω de l'univers Ω n'importe quelle valeur x_i à n'importe quelle valeur y_j.

Les couples de variables aléatoites sont tous les couples possibles (x_i, y_j), et la connaissance des valeurs $p_{ij} = Prob[(x_i, y_j)]$ constitue la **loi conjointe**.

Donnons un exemple : Soit un groupe d'individus dont on note respectivement X et Y la taille et le poids. Il est bien clair qu'à une taille donnée peuvent correspondre plusieurs individus ayant cette taille, donc plusieurs poids possibles (et *vice versa*).

Cela conduit, lorsque l'on veut évaluer les paramètres envisagés ci-dessous (covariance, corrélation etc.), à un tableau à double entrée conduisant à des calculs un peu lourds (mais sans difficultés particulières), impossibles à exécuter en PACES parce que trop longs (calculettes interdites).

Pour pallier cet inconvénient, on linéarise ce tableau à double entrée qui prend alors la forme suivante

X	x_1	x_2	...	x_i	...	x_n
Y	y_1	y_2	...	y_i	...	y_n

Dans ce tableau où nous indexons **identiquement** les valeurs de X et celles de Y de 1 à n, il faut comprendre que **les mêmes couples peuvent être associés à des indices i différents** : ainsi, dans le cas de la taille T et du poids P (couples (T en cm, P en kg)), on aura par exemple (3 individus présentent la même taille et le même poids) :

$$\{(x_1, y_1), (x_2, y_2), (x_3, y_3)\} = \{(180, 75), (180, 75), (180, 75)\} \tag{3.10}$$

Le tableau est bien sûr plus étiré, mais l'avantage est que tous les couples apparaissent avec l'effectif 1.

Donnons un exemple : soit le tableau à double entrée suivant (dit tableau de contingence) où, par rapport au cas général vu ci-dessus, on a q=4 et p=2. : les valeurs intérieures au tableau sont les effectifs des couples (ainsi, le couple (X=1,Y=-2) apparaît 2 fois).

Y \ X	-1	0	1	3
-2	1	1	2	2
1	1	3	1	2

"Linéarisé", ce tableau conduit au tableau équivalent suivant, pour lequel les effectifs des couples valent tous 1, comme indiqué ci dessus (par rapport au cas général, on a $n = 13$) :

X	-1	-1	0	0	0	0	1	1	1	3	3	3	3
Y	-2	1	-2	1	1	1	-2	-2	1	-2	-2	1	1

De toutes manières, les tableaux qui vous seront proposés en PACES seront nécessairement simples (et de plus, il est peu probable que vous ayez un tableau à double entrée : on vous proposera en général un tableau du type de celui de notre exemple, mais probablement moins "étiré").

3.5.2 Covariance

C'est par définition la grandeur :

$$\boxed{\operatorname{cov}(X, Y) = E\Big[\big(X - E(X)\big)\big(Y - E(Y)\big)\Big]} \tag{3.11}$$

dont l'expression analytique prend donc la forme

$$\boxed{\operatorname{cov}(X,Y) = \frac{1}{n}\sum_{i-1}^{n}\left[\,(x_i - E(X))(y_i - E(Y)\,\right]} \tag{3.12}$$

3.5.3 Propriétés

On démontre en développant (calcul analogue au développement de la variance) la formule de Koenig :

$$\boxed{\operatorname{cov}(X,Y) = E(XY) - E(X)E(Y)} \tag{3.13}$$

dont l'expression analytique prend donc la forme

$$\boxed{\operatorname{cov}(X,Y) = \frac{1}{n}\sum_{i=1}^{n} x_i\, y_i - \Big(\frac{1}{n}\sum_{i=1}^{n} x_i\Big)\Big(\frac{1}{n}\sum_{i=1}^{n} y_i\Big)} \tag{3.14}$$

qui sera la formule la plus utilisée dans la pratique.

Enfin, on démontre simplement, en appliquant la définition de la variance, que quelles que soient les variables aléatoires X et Y,

$$\boxed{V(aX + bY) = a^2\, V(X) + b^2\, V(Y) + 2\, a\, b\, \operatorname{cov}(X,Y)} \tag{3.15}$$

3.5.4 Coefficient de corrélation

Par définition, c'est le nombre

$$\boxed{r = \frac{\operatorname{cov}(X,Y)}{\sigma_X \,.\, \sigma_Y}} \tag{3.16}$$

On admettra que

$$\boxed{-1 \leqslant r \leqslant +1} \tag{3.17}$$

3.5.5 Indépendance

Définition

Les variables X et Y peuvent avoir un lien entre elles, plus ou moins étroit (exemple ci-dessus : le poids et la taille d'un individu), ou au contraire n'avoir aucun rapport (le poids d'un individu et son quotient d'intelligence, en principe non liés).

1. Dans le premier cas, on dit que les variables sont **liées**, ou **dépendantes** (stochastiquement, c'est-à-dire aléatoirement).
2. Dans le second cas, elles sont dites **non liées**, ou **indépendantes**.

D'un point de vue probabiliste :

Deux variables X et Y sont dites indépendantes si et seulement si :

$$\boxed{\text{Prob}\,[\,(X = x_i) \cap (Y = y_i)\,] = \text{Prob}\,(X = x_i)\,.\,\text{Prob}\,(Y = y_i)} \tag{3.18}$$

Lien avec la covariance

Si deux variables sont indépendantes, leur covariance est nulle, soit :

$$\boxed{\text{X et Y indépendantes} \quad \Longrightarrow \quad \text{cov}\,(X,Y) = 0} \tag{3.19}$$

On en déduit donc :

$$\boxed{\text{X et Y indépendantes} \quad \Longrightarrow \quad r = 0} \tag{3.20}$$

De plus, en associant 3.13 et 3.19, on obtient le résultat très utilisé suivant :

$$\boxed{\text{X et Y indépendantes} \quad \Longrightarrow \quad E(XY) = E(X)E(Y)} \tag{3.21}$$

ATTENTION ! les réciproques des relations 3.19, 3.20 et 3.21 sont fausses : autrement dit, elles ne constituent pas un **critère d'indépendance**. Ainsi, les variables X et Y = X^2 (évidemment totalement dépendantes) ont une covariance nulle (voir exercices).

Donc, deux variables peuvent ne pas être corrélées (cov=0) mais dépendantes (ce qui illustre que la réciproque de la relation 3.19 est fausse).

Ceci fait souvent l'objet de questions "piège" au concours.

Conséquence sur la variance

D'après 3.15 et 3.19, **si 2 variables X et Y sont indépendantes**, alors :

$$\boxed{V(aX + bY) = a^2\,V(X) + b^2\,V(Y)} \tag{3.22}$$

3.6 Ensemble infini dénombrable

Ce cas ne se présentera en PACES que pour l'étude de la **loi de Poisson** (voir chapitre suivant).

Toutes les définitions et formules vues dans le cadre des ensembles finis sont les mêmes.

Il y a quelques exceptions : certaines sommes infinies n'existent pas, car par exemple, elles peuvent tendre vers l'infini (autrement dit, une espérance mathématique, une variance etc. n'existent pas toujours).

Ces cas ne seront pas envisagés en PACES.

3.7 Ensemble infini non dénombrable

Ce paragraphe concerne les **variables aléatoires continues** qui feront l'objet d'un chapitre ultérieur.

EXERCICES

3.8 Questions à choix multiples

QCM 1

Soit 2 variables aléatoires indépendantes X_1 et X_2 de moyennes respectives 20 et 50, et d'écart-types respectifs 6 et 8. On pose :

$$Z = X_1 + X_2$$

A) L'espérance mathématique de Z vaut 70.

B) L'espérance mathématique de Z n'est pas calculable si les variables X_1 et X_2 ne sont pas indépendantes.

C) L'écart-type de Z vaut 14.

D) La variance de Z n'est pas calculable car on ne connaît pas la covariance de X_1 et X_2.

E) L'écart-type de Z vaut 10.

QCM 2

On reprend les mêmes variables X_1 et X_2 que précédemment, et on pose $Y = 3X_1 - 2X_2$

A) $E(Y) = -40$

B) $V(Y) = -20$

C) $V(Y) = 236$

D) $V(Y) = 836$

E) $V(Y) = -188$

QCM 3

Soit X et Y deux variables aléatoires.

A) Si cov(X,Y) = 0, ces variables sont indépendantes.

B) Si la covariance n'est pas nulle, on ne peut rien conclure quant à l'indépendance de ces 2 variables.

C) Si X et Y sont indépendantes, alors cov(X,Y) = 0.

D) Si X et Y sont indépendantes, alors on ne peut pas conclure que cov(X,Y) soit nulle.

E) Si X et Y sont liées, alors cov (X,Y) $\neq$ 0.

QCM 4

Soit 2 variables aléatoires X et Y.
X est centrée (valeur moyenne nulle) et de variance 4,
Y est centrée réduite (moyenne nulle et écart-type égal à 1).

A) Si X et Y sont indépendantes, $V(X+Y)=9$.

B) Si X et Y sont indépendantes, $V\left(\frac{X}{2}-Y\right)=2$.

C) Si la corrélation $r(X,Y)=0{,}5$, alors $V(X+Y)=6$.

D) Si la corrélation $r(X,Y)=0{,}5$, alors $V(X+Y)=7$.

E) Quelle que soit la corrélation, on a toujours $V(X+Y)\leqslant 9$.

QCM 5

On considère la fonction de répartition de la série statistique analogue à celle vue en cours (mais cette fois-ci avec des valeurs numériques).

FIG. 3.2 – Les échelles ne sont pas rigoureusement respectées.

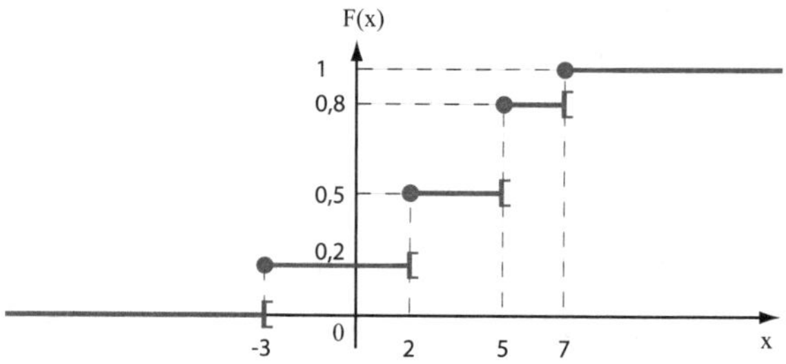

L'espérance mathématique a pour valeur :

A) 2,9

B) 3,8

C) 12,6

D) 11,4

E) Il manque des données pour calculer l'espérance mathématique.

QCM 6 (suite et fin du 5)

La variance a pour valeur (valeur la plus proche)

A) 20,3

B) 11,9

C) 15,8

D) 17,2

E) La variance n'est pas calculable avec ces seules données.

QCM 7

On considère deux variables aléatoires toutes deux de moyenne nulle (on dit qu'elles sont centrées) et de même variance σ^2.

On pose $U = X + Y$ et $V = X - Y$. On peut alors dire que :

A) U et V sont centrées.

B) $V(U) = 2\sigma^2$

C) $V(V) = 0$

D) $V(U + V) = 2\sigma^2$

E) $V(U + V) = 4\sigma^2$

QCM 8 (suite du 7)

Les données sont les mêmes qu'au QCM 7.

On peut dire que $V(U) + V(V)$ a pour valeur :

A) σ^2

B) $2\sigma^2$

C) $3\sigma^2$

D) $4\sigma^2$

E) N'est pas calculable car on ne connaît pas cov(X,Y)

QCM 9 (suite du QCM 8)

Les données sont les mêmes qu'au QCM 7.

On peut dire que :

A) les moments d'ordre 2 des variables X et Y sont les mêmes.

B) l'espérance du produit UV est nulle.

C) $\text{cov}(U, V) = 0$.

D) U et V sont indépendantes.

E) U et V ne sont pas corrélées.

QCM 10 (extrait d'annales, mais classique)

On considère la variable aléatoire définie sur N* par

$$P(X = k) = \frac{1}{k} - \frac{1}{k+1} \quad \text{pour } k \geq 2 \quad \text{et} \quad P(X = 1) = a$$

La valeur de a est égale à :

A) 1

B) $\frac{1}{2}$

C) $\frac{1}{3}$

D) $\frac{1}{4}$

E) Autre réponse.

QCM 11

Parmi les coefficients de corrélation suivants, lequel correspond aux variables les moins corrélées ?

A) $-0{,}9$

B) $-\frac{3}{5}$

C) $-\frac{2}{7}$

D) $\frac{2}{9}$

E) $0{,}8$

QCM 12

Soit X et Y 2 variables aléatoires indépendantes de même espérance m et de même variance 1.

On considère la variable aléatoire $Z = pX + (1-p)Y$ où $p \in R^*$. L'espérance mathématique de Z vaut :

A) p

B) mp

C) 1

D) 0

E) Autre réponse.

QCM 13 (suite du 12)

Avec les mêmes données qu'au QCM 12, la variance de Z vaut

A) $2p^2 - 2p + 1$

B) $p^2 + 2p - 1$

C) $p^2 - 2p$

D) Il manque des données pour répondre.

E) Autre réponse

QCM 14 (suite du 13)

Avec les mêmes données qu'au QCM 12, la valeur de p pour laquelle Z a le même écart-type que X et Y est égale à :

A) 2

B) 3

C) 0

D) 1

E) Autre réponse.

CORRIGÉS

QCM 1 A,E

Soit 2 variables aléatoires indépendantes X_1 et X_2 de moyennes respectives 20 et 50, et d'écart-types respectifs 6 et 8. On pose :

$$Z = X_1 + X_2$$

A) L'espérance mathématique de Z vaut 70.
VRAI : l'espérance étant linéaire,

$$E(X_1 + X_2) = E(X_1) + E(X_2) = 20 + 50 = 70$$

B) L'espérance mathématique de Z n'est pas calculable si les variables X_1 et X_2 ne sont pas indépendantes.
FAUX : la linéarité de l'espérance ne requiert pas l'indépendance des variables.

C) L'écart-type de Z vaut 14.
FAUX : voir E.

D) La variance de Z n'est pas calculable car on ne connaît pas la covariance de X_1 et X_2.
FAUX : on la connaît ! La covariance est nulle puisque les variables sont indépendantes (ça marche dans ce sens). De ce fait, on peut calculer la variance. On a en effet :

$$V(Z) = V(X_1 + X_2) = V(X_1) + V(X_2) = 6^2 + 8^2 = 100$$

puisque la variance est le carré de l'écart-type.

E) L'écart-type de Z vaut 10.
VRAI :

$$\sigma_Z = \sqrt{V(Z)} = \sqrt{100} = 10.$$

QCM 2 A,D

On reprend les mêmes variables X_1 et X_2 que précédemment, et on pose $Y = 3X_1 - 2X_2$

A) $E(Y) = -40$.
VRAI : $E(Y) = 3E(X_1) - 2E(X_2)$ **(linéarité de l'espérance)**
soit

$$E(Y) = 3 \times 20 - 2 \times 50 = 60 - 100 = -40$$

B) V(Y)= −20.

FAUX : une variance n'est jamais négative (cette valeur a été obtenue en faisant comme si la variance était linéaire ce qui est faux).

C) $V(Y) = 236$.

FAUX : voir D.

D) $V(Y) = 836$.

VRAI : $V(Y) = 3^2V(X_1) + 2^2V(X_2) = 9 \times 36 = 4 \times 64 = 836$.

E) $V(Y) = -188$.

FAUX : voir D et remarque de B.

QCM 3 C

Soit X et Y 2 variables aléatoires.

A) Si cov(X,Y) = 0, ces variables sont indépendantes.

FAUX : c'est l'implication inverse qui est vraie.

B) Si la covariance n'est pas nulle, on ne peut rien conclure quant à l'indépendance de ces 2 variables.

FAUX : elles sont liées.

C) Si X et Y sont indépendantes, alors cov(X,Y) = 0.

VRAI : voir cours.

D) Si X et Y sont indépendantes, alors on ne peut pas conclure que cov(X,Y) soit nulle.

FAUX : voir C.

E) Si X et Y sont liées, alors cov (X,Y) $\neq$ 0.

FAUX : on ne peut conclure sur cov(X,Y).

QCM 4 B,D,E

Soit 2 variables aléatoires X et Y.
X est centrée (valeur moyenne nulle) et de variance 4,
Y est centrée réduite (moyenne nulle et écart-type égal à 1).

A) Si X et Y sont indépendantes, V(X + Y) = 9.

FAUX : $\mathbf{V(X+Y)=V(X)+V(Y)=4+1=5}$.

B) Si X et Y sont indépendantes, $V(\frac{X}{2} - Y) = 2$.

VRAI : $\mathbf{V(\frac{X}{2} - Y) = \frac{1}{4}V(X) + V(Y) = 1 + 1 = 2}$.

C) Si la corrélation r(X,Y) = 0,5, alors V(X + Y) = 6.

FAUX : $\mathbf{V(X+Y)=V(X)+V(Y)+2\,cov(X,Y)}$.

Or, cov(X,Y) $= \sigma_X\,\sigma_Y\,r(X,Y) = \mathbf{2.1.0{,}5 = 1}$.

Finalement, $\mathbf{V(X+Y)=4+1+2.1=7}$.

D) Si la corrélation r(X,Y) = 0,5, alors V(X + Y) = 7.

VRAI : voir C.

E) Quelle que soit la corrélation, on a toujours V(X + Y) $\leqslant$ 9.

VRAI : V(X + Y) = 4 + 1 + 2. $\sigma_X\, \sigma_Y\, r(X,Y) \leqslant$ **5 + 2.2.1.r** $\leqslant$ 9 **car r** $\leqslant$ **1.**

QCM 5 A

On considère la fonction de répartition de la série statistique analogue à celle vue en cours (mais cette fois-ci avec des valeurs numériques).

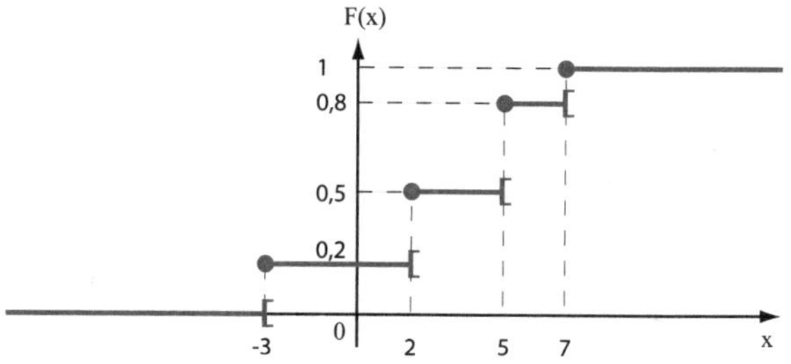

FIG. 3.3 – Les échelles ne sont pas rigoureusement respectées.

L'espérance mathématique a pour valeur :

A) 2,9 **VRAI : voir calcul ci-dessous.**

B) 3,8 **FAUX.**

C) 12,6 **FAUX.**

D) 11,4 **FAUX**

E) Il manque des données pour calculer l'espérance mathématique. **FAUX.**

Explications

L'espérance mathématique est donnée par la formule (3.3) et a donc pour valeur :

$$E(X) = x_1p_1 + x_2p_2 + x_3p_3 + x_4p_4 = (-3.0,2) + (2.0,3) + (5.0,3) + (7.0,2) = 2,9$$

Bien prendre les "sauts" pour valeurs de p_i et non les valeurs portées en ordonnée (qui conduisent au résultat erroné de l'item D).

QCM 6 (suite et fin du 5) B

La variance a pour valeur (valeur la plus proche) :

A) 20,3. **FAUX : c'est E(**X^2**) qui a cette valeur (l'erreur est fréquente : l'étudiant oublie de retrancher le carré de l'espérance**

mathématique à la fin de son calcul. Il est d'ailleurs d'autant plus "rassuré" que le mauvais résultat lui est proposé !).

B) 11,9 **VRAI : voir explications ci-dessous.**

C) 15,8 **FAUX.**

D) 17,2 **FAUX.**

E) La variance n'est pas calculable avec ces seules données. **FAUX.**

Explications :

On la calcule grâce à la formule (3.7). On évalue donc préalablement E(X^2) :

$$E(X^2) = x_1^2 p_1 + x_2^2 p_2 + x_3^2 p_3 + x_4^2 p_4 = (9.0,2) + (4.0,3) + (25.0,3) + (49.0,2) = 20,3$$

Il reste alors à retrancher le carré de l'espérance calculée au QCM, soit :

$$V(X) = 20,3 - 2,9^2 \gtrsim 20,3 - 9 = 11,3$$

On trouve un résultat un peu inférieur dans la mesure où nous avons majoré la quantité retranchée (3^2 au lieu de $2,9^2$).

QCM 7 A,E

On considère deux variables aléatoires toutes deux de moyenne nulle (on dit qu'elles sont centrées) et de même variance σ^2.
On pose $U = X + Y$ et $V = X - Y$. On peut alors dire que :

A) U et V sont centrées.
VRAI : car
$E(U) = E(X) + E(Y) = 0 + 0 = 0$ **et** $E(V) = E(X) - E(Y) = 0 - 0 = 0$

B) $V(U) = 2\sigma^2$
FAUX : $V(U) = V(X) + V(Y) + 2\mathbf{cov}(X,Y) = 2\sigma^2 + 2\mathbf{cov}(X,Y)$ **et on ne sait pas si X et Y sont indépendantes.**

C) $V(V) = 0$
FAUX : ne pas écrire $V(X - Y) = V(X) - V(Y)$ **car la variance n'est pas linéaire.**

D) $V(U + V) = 2\sigma^2$
FAUX : voir E.

E) $V(U + V) = 4\sigma^2$
VRAI : car $U + V = 2X$ **et** $V(2X) = 4V(X) = 4\sigma^2$.

QCM 8 (suite du 7) D

Les données sont les mêmes qu'au QCM 7.

On peut dire que V(U)+V(V) a pour valeur :

A) σ^2 **FAUX.**

B) $2\sigma^2$ **FAUX.**

C) $3\sigma^2$ **FAUX.**

D) $4\sigma^2$ **VRAI : voir explications.**

E) N'est pas calculable car on ne connaît pas cov(X,Y).
FAUX : voir D.

Explications

On a

$$V(U) = V(X+Y) = V(X) + V(Y) + 2\text{cov}(X,Y)$$

et

$$V(V) = V(X-Y) = V(X) + V(Y) - 2\text{cov}(X,Y)$$

d'où

$$V(U) + V(V) = 2V(X) + 2V(Y) = 2\sigma^2 + 2\sigma^2 = 4\sigma^2$$

QCM 9 (suite du QCM 8) A,B,C,E

Les données sont les mêmes qu'au QCM 7.

On peut dire que :

A) Les moments d'ordre 2 des variables X et Y sont les mêmes.
VRAI : $V(X) = E(X^2) - [E(X)]^2 = E(X^2) = \sigma^2$ **(puisque X est centrée). Et il en est de même de** $V(Y) = E(Y^2)$.

B) L'espérance du produit UV est nulle.
VRAI : $UV = (X-Y)(X+Y) = X^2 - Y^2$ **(souvenirs, souvenirs...). Donc** $E(UV) = E(X^2) - E(Y^2) = 0$ **d'après l'item A.**

C) $\text{cov}(U,V) = 0$.
VRAI : en effet, $\text{cov}(U,V) = E(UV) - E(U)E(V) = 0 - E(U)E(V)$. **Mais** $E(U) = E(X) + E(Y) = 0$ **(ainsi que E(V), d'ailleurs). D'où le résultat.**

D) U et V sont indépendantes.
FAUX : nous avons vu dans le cours que la nullité de la covariance n'était pas un critère d'indépendance : on peut juste dire que ces variables ne sont pas corrélées.

E) U et V ne sont pas corrélées.
VRAI : puisque leur coefficient de corrélation est nul, comme la covariance. Ce qui ne signifie pas qu'elles soient indépendantes.

QCM 10 (extrait d'annales, mais classique) B

On considère la variable aléatoire définie sur N* par

$$P(X=k) = \frac{1}{k} - \frac{1}{k+1} \quad \text{pour } k \geq 2 \quad \text{et} \quad P(X=1) = a$$

La valeur de a est égale à :

A) 1 **FAUX.**

B) $\frac{1}{2}$ **VRAI : voir les explications.**

C) $\frac{1}{3}$ **FAUX.**

D) $\frac{1}{4}$ **FAUX.**

E) Autre réponse.
FAUX.

Explications

La condition de normalisation donne

$$\sum_{i=1}^{+\infty} P(X = k) = 1$$

Or

$$a+(\frac{1}{2}-\frac{1}{3})+(\frac{1}{3}-\frac{1}{4})+(\frac{1}{4}-\frac{1}{5})+...+(\frac{1}{k}-\frac{1}{k+1})+...+(\frac{1}{n-1}-\frac{1}{n})+(\frac{1}{n}-\frac{1}{n+1})$$

soit

$$\sum_{i=1}^{+\infty} P(X = k) = a + \frac{1}{2} - \frac{1}{n+1}$$

puisque tous les termes intermédiaires (1/3, 1/4, 1/5,...,1/n) s'éliminent 2 à 2.

Or, la somme proposée ci-dessus fait tendre n vers l'infini (et donc le terme 1/(n+1) tend vers 0).

On a donc :

$$a + \frac{1}{2} = 1 \quad \text{d'où} \quad a = \frac{1}{2}$$

QCM 11 D

Parmi les coefficients de corrélation suivants, lequel correspond aux variables les moins corrélées ?

A) $-0{,}9$ **FAUX.**

B) $-\frac{3}{5}$ **FAUX.**

C) $-\frac{2}{7}$ **FAUX.**

D) $\frac{2}{9}$
VRAI : les variables les moins corrélées ont un coefficient de corrélation minimum en valeur absolue. Le signe n'a pas de rapport avec la force de la corrélation.

E) 0,8 **FAUX.**

QCM 12 E

Soit X et Y deux variables aléatoires indépendantes de même espérance m et de même variance 1.

On considère la variable aléatoire $Z = pX + (1 - p)Y$ où $p \in R^*$.

L'espérance mathématique de Z vaut :

A) p **FAUX.**

B) mp **FAUX.**

C) 1 **FAUX.**

D) 0 **FAUX.**

E) Autre réponse.
VRAI : voir explications.

L'espérance étant linéaire, on a

$$E(Z) = E(pX + (1-p)Y = pE(X) + (1-p)E(Y) = pm + (1-p)m = m$$

QCM 13 (suite du 12) A

Avec les mêmes données qu'au QCM 12, la variance de Z vaut

A) $2p^2 - 2p + 1$
VRAI : voir les explications.

B) $p^2 + 2p - 1$
FAUX.

C) $p^2 - 2p$
FAUX.

D) Il manque des données pour répondre.
FAUX.

E) Autre réponse.
FAUX.

Explications

Les variables X et Y étant indépendantes,

$$V(Z) = p^2 v(X) + (1-p)^2 v(Y) = p^2 + (1-p)^2 = p^2 + p^2 - 2p + 1 = 2p^2 - 2p + 1$$

QCM 14 (suite du 13) D

Avec les mêmes données qu'au QCM 12, la valeur de p pour laquelle Z a le même écart-type que X et Y est égale à :

A) 2 **FAUX.**

B) 3 **FAUX.**

C) 0 **FAUX.**

D) 1 **VRAI : voir les explications.**

E) Autre réponse.
FAUX.

Si $V(Z) = 1$ (même écart-type, donc même variance), on a

$$2p^2 - 2p + 1 = 1 \iff p^2 - p = p(1-p) = 0 \iff p = 0 \quad \text{ou} \quad p = 1$$

Comme p est non nul par hypothèse ($p \in R^*$), la solution est $p = 1$.

Chapitre 4

Les principales lois

COURS

4.1 Lois discrètes

4.1.1 Loi de Bernoulli

Définition

Le jeu type à l'origine de cette loi est le jeu de pile ou face : en supposant que la pièce peut être truquée, la probabilité d'obtenir pile (P) est égale à p et celle d'obtenir face (F) est $q = 1 - p$.

On considère alors la variable aléatoire binaire définie sur l'ensemble (univers des possibles) $\Omega = \{F\,,\,P\}$ par :

$X(F) = 0$ et $X(P) = 1$.

La loi de distribution est donc la suivante :

$X = x_i$	0	1
$Prob(X = x_i) = p_i$	$q = 1 - p$	p

Espérance mathématique

Elle vaut

$$E(X) = \sum_{i=1}^{2} x_i p_i = 0 \times (1 - p) + 1 \times p = p$$

Variance

On calcule d'abord

$$E(X^2) = \sum_{i=1}^{2} x_i^2 p_i = 0^2 \times (1-p) + 1^2 \times p = p$$

d'où

$$V(X) = E(X^2) - [\,E(X)\,]^2 = p - p^2 = p(1-p) = pq$$

Résumé :

$$\boxed{E(X) = p \qquad \text{et} \qquad V(X) = p(1-p)}$$

4.1.2 Loi binomiale

Schéma de Bernoulli

Considérons la suite d'épreuves suivantes : on lance n fois une pièce de monnaie (éventuellement truquée) et on s'intéresse au nombre de fois que l'on obtient "pile" (succès). Cela constitue typiquement un schéma de Bernoulli.

Plus généralement, un schéma de Bernoulli est caractérisé par :

1. une suite d'épreuves **indépendantes ;**
2. chaque épreuve donne lieu à 2 éventualités : **le succès** de probabilité p, **l'échec** de probabilité (1−p) : ces épreuves sont donc des épreuves de Bernoulli ;
3. un ordre des succès **indifférent**.

Remarque
Notons que ce que nous appelons "succès" correspond à l'éventualité qui nous intéresse, indépendamment de son caractère bénéfique (le succès pourrait être le fait d'être atteint d'une maladie !).

Loi binomiale

Soit X le nombre de succès associé à un schéma de Bernoulli à n épreuves de Bernoulli **indépendantes** : on a donc

$$X = X_1 + X_2 + ... + X_i + ... + X_n$$

où X_i est la $i^{\text{ème}}$ variable de Bernoulli. On a donc :

$$X(\Omega) = \{1, 2, 3, ..., k, ..., n\} \tag{4.1}$$

la loi de X s'appelle **loi binomiale**.

On dit que **X obéit à la loi B(n,p)**. Elle vérifie :

$$\boxed{p\,(X = k) = C_n^k\, p^k\, (1-p)^{n-k}} \tag{4.2}$$

Comme cela constitue un bon exercice d'analyse combinatoire (mais non nécessaire), nous donnons la démonstration de ce résultat :

l'éventualité (X=k) correspond à k valeurs de X_i égales à 1 et les (n−k) autres valeurs de X_i égales à 0.

1. Il faut donc choisir, sur les n épreuves, les k rangs auxquels apparaissent les valeurs 1 (et les rangs auxquels apparaissent les valeurs 0 sont alors fixées) : le nombre de ces choix est C_n^k.
2. La probabilité que les k valeurs choisies voient apparaître le 1 est p^k.
3. La probabilité que les $(n-k)$ valeurs des X_i restants est $(1-p)^{n-k}$.

Le résultat est donc le produit(épreuves indépendantes).

Espérance et variance

1. Par linéarité,

   $$E(X) = E(X_1+X_2+...+X_i+...+X_n) = E(X_1)+E(X_2)+...+E(X_i)+...E(X_n)$$

   Et comme $E(X_i) = p$ quel que soit i, $E(X) = np$.
2. Rappelons que dans $X = X_1 + X_2 + ... + X_i + ... + X_n$, les n variables de Bernoulli sont indépendantes. Donc

   $$V(X) = V(X_1+X_2+...+X_n) = V(X_1)+V(X_2)+...+V(X_i)+...+V(X_n)$$

   et comme $V(X_i) = p(1-p)$ quel que soit i, $V(X) = np(1-p)$

Résumons :

$$\boxed{E(X) = np \quad \text{et} \quad V(X) = np(1-p)} \tag{4.3}$$

Ces résultats sont à connaître par coeur.

4.1.3 Loi de Poisson

Définition

Il s'agit du seul cas de variable aléatoire (discrète) infinie dénombrable rencontré en PACES. On a donc :

$$X(\Omega) = \{1, 2, 3, ..., k, ..., n ...\} \tag{4.4}$$

On se donne une valeur $\lambda > 0$ appelée **paramètre de la loi**. Cette loi, notée P(λ) est caractérisée par :

$$\boxed{p(X = k) = e^{-\lambda} \frac{\lambda^k}{k!}} \tag{4.5}$$

Espérance et variance

On démontre les résultats suivants :

$$\boxed{E(X) = \lambda} \tag{4.6}$$

et

$$\boxed{V(X) = \lambda} \tag{4.7}$$

4.1.4 Théorème (admis sans démonstration)

Soit deux variables aléatoires X_1 et X_2 obéissant respectivement aux 2 lois de Poisson **indépendantes** $P(\lambda_1)$ et $P(\lambda_2)$.

Alors la variable $X_1 + X_2$ obéit à la loi de Poisson $P(\lambda_1 + \lambda_2)$.

4.1.5 Convergence

On démontre que, lorsque la probabilité du succès p de la loi binomiale tend vers 0 (pratiquement dès que $p < 0{,}01$ avec $np<3$), la loi binomiale B(n,p) peut être approximée par la loi de Poisson $P(\lambda = np)$.

Cette approximation sera très utile car la loi binomiale est d'utilisation rapidement lourde.

4.2 Lois continues

Dans la suite de ce chapitre, la variable peut prendre une valeur continue, c'est-à-dire toute valeur appartenant à un intervalle I de R.

Si l'on considère une tige de masse volumique donnée, la masse d'un point de cette tige (qui n'a pas de volume) est évidemment nulle (contrairement à celle d'une bille, équivalent d'une probabilité discrète, par sauts). Dans ces conditions, on a le résultat suivant

$$\boxed{\forall x \in R, \quad P(X = x) = 0} \tag{4.8}$$

quelle que soit la valeur x de l'intervalle I.

On ne peut donc plus définir la loi de probabilité par la probabilité des valeurs individuelles (toujours nulles).

Pour résoudre ce problème, prenons un exemple : supposons que X soit la surface des appartements d'une grande ville. Certes, la probabilité de toute valeur est nulle, mais on s'attend bien sûr à trouver plus d'appartements de surface 70 m^2 que d'appartements de surface 500 m^2 !

On sera donc toujours plus souvent "autour" de 70 m^2 qu'"autour" de 500 m^2.

La probabilité de trouver la surface d'un appartement entre 69 et 71 m^2 est proportionnelle à l'écart des surface (2 m^2).

La probabilité de trouver la surface d'un appartement entre 499m^2 et 500 m^2 est proportionnelle au même écart 2 m^2.

Mais on admettra volontiers que le coefficient de proportionnalité n'est pas le même dans les 2 cas, et qu'il est plus faible pour les grandes surfaces que pour les surfaces plus modestes.

4.2.1 Définition-Densité de probabilité

Soit X une variable continue : par définition

$$\boxed{P(x < X < x + dx) = f(x)dx} \tag{4.9}$$

f(x), coefficient de proportionnalité **variable**, s'appelle la **densité de probabilité** de la variable aléatoire X. Cette fonction satisfait les conditions suivantes :

1. f(x)$\geqslant$0
2. $\lim\limits_{x \to \pm\infty}$ f(x) = 0
3. $\int\limits_{-\infty}^{+\infty} f(x)dx = 1$

Deux remarques importantes

1. f(x) n'est pas une probabilité : on peut donc avoir $f(x) \geqslant 1$.
2. La troisième condition traduit le fait que la probabilité que la variable X prenne une valeur dans R est évidemment égale à 1 (événement certain). C'est la condition de normalisation pour les variables continues.

4.2.2 Probabilité

Soit X une variable aléatoire continue de densité f(x) sur R.

En utilisant la formule (4.9), la probabilité que X prenne une valeur quelconque entre a et b est donnée par l'intégrale :

$$\boxed{P(a \leqslant X \leqslant b) = \int_a^b f(x)dx} \qquad (4.10)$$

Remarques :

1. Dans la formule ci-dessus, les inégalités sont indifféremment strictes ou larges dans la mesure où la probabilité d'obtenir **une valeur donnée** est nulle (cf. (4.8)).
2. La probabilité ci-dessus est représentée par l'aire hachurée représentée sur le graphique 4.4 (qui concerne la loi normale, mais le résultat est général) : cette propriété sera souvent utilisée pour résoudre les exercices.

4.2.3 Fonction de répartition

La définition reste la même que dans le cas discret, mais elle prend ici une forme particulière du fait que la variable est continue et possède une densité f (pour info : on parle d'absolue continuité). C'est ainsi que, d'après la formule (4.10), on a

$$\boxed{F(x) = P(X \leqslant x) = \int_{-\infty}^{x} f(t)dt} \qquad (4.11)$$

4.2.4 Propriétés

On retrouve celles déjà vues dans le cas discret, à savoir :

1. F est continue à droite.
2. F est croissante (plus précisément non décroissante).
3. $\lim\limits_{x \to -\infty}$ F(x) = 0.

4. $\lim_{x \to +\infty} F(x) = 1$.

Mais de plus, du fait de la formule (4.11), on a également le résultat très utilisé suivant :

$$\boxed{F'(x) = f(x)} \tag{4.12}$$

En combinant (4.10) et (4.12), on obtient alors le résultat important suivant (du fait que (4.12) exprime que F est une primitive de f) :

$$\boxed{P(a \leqslant X \leqslant b) = [\,F(x)\,]_a^b = F(b) - F(a)} \tag{4.13}$$

4.2.5 Aspect graphique

Nous donnons ci-dessous l'aspect de la fonction de répartition de la loi normale centrée réduite : mais une fonction de répartition n'a pas nécessairement de centre de symétrie et peut n'être que continue à droite, au lieu d'être totalement continue.

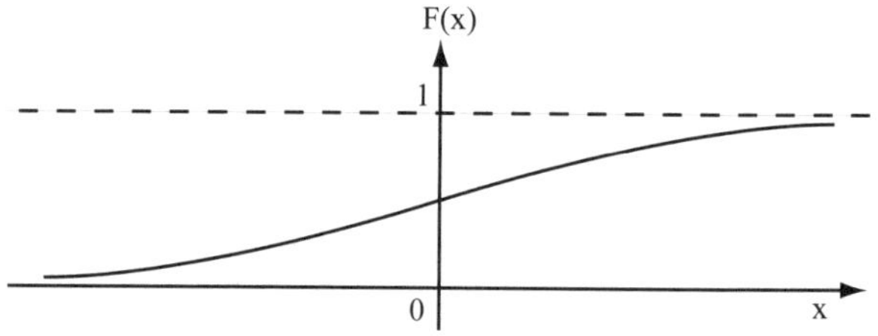

FIG. 4.1 – Fonction de répartition : la courbe représentée ci-contre est supposée à dérivée continue.

4.2.6 Dictionnaire discret-continu

On passe des formules des lois discrètes à celles des lois continues en utilisant les correspondances suivantes :

Discret	**Continu**
x_i	x
p_i	$f(x)dx$
$\sum$	$\int$

Donnons deux exemples d'utilisation de ce dictionnaire :

1. Condition de normalisation :

   Sa forme discrète : $\sum_i p_i = 1$ devient sous forme continue : $\int_{-\infty}^{+\infty} f(t)dt = 1$

2. Espérance mathématique :

   Sa forme discrète : $E(X) = \sum_i x_i p_i$

devient sous forme continue : $E(X) = \int_{-\infty}^{+\infty} xf(x)dx$

(voir paragraphe suivant).

4.2.7 Espérance mathématique

Son expression est donc la même que pour une variable discrète, à condition d'appliquer la correspondance décrite au paragraphe précédent. On obtient ainsi :

$$\boxed{E(X) = \int_{-\infty}^{+\infty} xf(x)dx} \tag{4.14}$$

4.2.8 Moment d'ordre 2

Rappelons que par définition, c'est l'espérance de la variable X^2, soit tout simplement :

$$\boxed{E(X) = \int_{-\infty}^{+\infty} x^2 f(x)dx} \tag{4.15}$$

4.2.9 Variance

Comme dans le cas discret, nous avons :

La définition

$$\boxed{V(X) = E[\,(X - E(X))^2\,]} \tag{4.16}$$

Le théorème de Koenig

$$\boxed{V(X) = E(X^2) - [\,E(X)^2\,]} \tag{4.17}$$

qui prend la forme intégrale suivante :

$$\boxed{V(X) = \int_{-\infty}^{+\infty} x^2 f(x)dx - [\,\int_{-\infty}^{+\infty} xf(x)dx\,]^2} \tag{4.18}$$

4.2.10 Loi uniforme

C'est la loi d'une variable aléatoire de densité égale à 0 en dehors d'un intervalle $[\,a\,;b\,]$ et à une constante K sur cet intervalle.

La condition de normalisation impose :

$$\int_{-\infty}^{+\infty} f(x)dx = \int_{-\infty}^{a} f(x)dx + \int_{a}^{b} f(x)dx + \int_{b}^{+\infty} f(x)dx = 1 = \int_{a}^{b} f(x)dx = \int_{a}^{b} Kdx$$

puisque la densité est nulle en dehors de l'intervalle [a ;b]. donc,

$$K(b-a) = 1$$

d'où

$$K = \frac{1}{b-a}$$

Finalement, la loi uniforme sur l'intervalle [a ;b] est définie par la densité

$$\boxed{f(x) = \frac{1}{b-a} \quad \text{si } x \in [a;b] \quad \text{et} \quad f(x) = 0 \quad \text{sinon}} \tag{4.19}$$

4.2.11 Loi exponentielle

C'est la loi d'une variable aléatoire dont la densité est définie sur R par

$$f(x) = \lambda e^{-\lambda x}$$

La loi exponentielle est notée E(λ) (notation à ne pas confondre avec l'espérance mathématique).

Espérance et variance

On démontre facilement (cf. exercice) les résultats suivants : pour la loi exponentielle :

$$E(X) = \frac{1}{\lambda} \quad \text{et} \quad V(\lambda) = \frac{1}{\lambda^2} \quad (\text{et donc} \quad \sigma = \frac{1}{\lambda})$$

Remarque : la durée de vie d'un individu suit une loi exponentielle de paramètre λ (variable suivant l'individu !).

4.2.12 Loi de Laplace-Gauss (dite normale)

C'est la loi la plus importante car :

1. toutes les variables physiologiques continues (glycémie, taux de cholestérol, poids, taille, urémie, taux de triglycérides, etc.) obéissent à cette loi ;
2. elle est à la base du **théorème de la limite centrale**, un des piliers de l'**estimation par intervalle de confiance**, démarche majeure en statistiques ;
3. elle est à la base de la plupart des **tests statistiques.**

Densité

Son domaine de variation est R tout entier : autrement dit

$$x \in]-\infty \; +\infty[$$

Sur ce domaine, sa densité est donnée par l'expression :

$$f(x) = \frac{1}{\sigma\sqrt{2\pi}} e^{-\frac{1}{2}\left(\frac{x-m}{\sigma}\right)^2}$$

Espérance et variance

On peut démontrer les résultats suivants

$$\boxed{E(X) = m \quad \text{et} \quad V(X) = \sigma^2}$$

Notation

Lorsque la variable X obéit à la loi normale d'espérance m et d'écart-type σ, on écrit (l'usage veut que l'on fasse apparaître σ^2 au lieu de σ) :

$$\boxed{X \rightarrow N(m\,,\sigma^2)}$$

Théorème (admis sans démonstration)

Soit X_1 une variable aléatoire obéissant à la loi normale $\mathrm{N}(\mathrm{m}_1\,,\sigma_1^2)$ et X_2 une variable aléatoire obéissant à la loi normale $\mathrm{N}(\mathrm{m}_2\,,\sigma_2^2)$ **indépendantes**.

Alors, la variable $X_1 + X_2$ obéit à la loi normale $\mathrm{N}(\mathrm{m}_1{+}\mathrm{m}_2\,,\sigma_1^2{+}\sigma_2^2)$.

Loi normale centrée réduite

Sous la forme précédente, la formule de la densité est inexploitable pour 2 raisons :

1. Contrairement aux fonctions envisagées ci-dessus (loi uniforme, loi exponentielle) il n'existe pas de primitive **connue** (bien qu'elles existent !) de cette densité, et on ne peut donc utiliser (4.13) pour calculer des probabilités.

   En particulier, on ne connaît pas d'expression littérale de la fonction de répartition : il faut donc recourir au calcul numérique et établir des tables, ce qui amène au deuxième problème.
2. *A priori*, il est toujours possible d'établir une table : mais il faudrait alors autant de tables qu'il y a d'espérances et d'écarts-types (une double infinité), ce qui est évidemment impossible

C'est pourquoi on se ramène à une densité commune par le changement de variable suivant, en posant

$$\boxed{U = \frac{X-m}{\sigma}} \tag{4.20}$$

Cette variable est la **variable centrée (on retire la moyenne) réduite (on divise par l'écart-type)** . Sa fonction densité a pour expression (que nous encadrons, du fait de son importance) :

$$\boxed{f(u) = \frac{1}{\sqrt{2\pi}}\, e^{-\frac{u^2}{2}}} \qquad (4.21)$$

La courbe représentative de cette fonction, dite "cloche de Gauss" (ou "gaussienne") est la suivante :

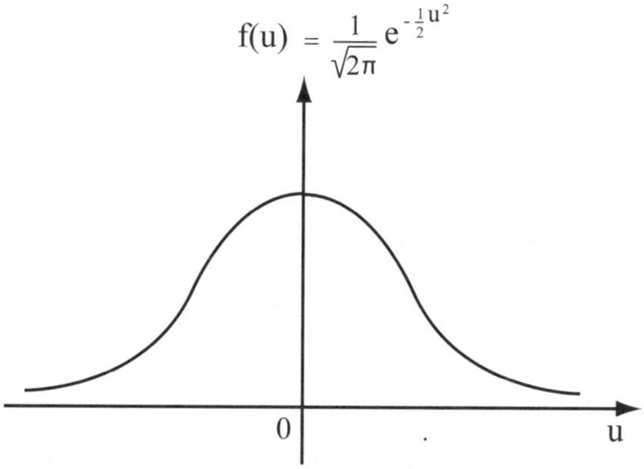

FIG. 4.2 – La "cloche de Gauss" associée à la variable normale centrée réduite.

Remarque : les termes "gaussienne" et "cloche de Gauss" s'appliquent même si la loi normale n'est pas centrée réduite. On peut démontrer que :

$$\boxed{E(U) = 0 \quad \text{et} \quad V(U) = 1} \qquad (4.22)$$

On ne connaît pas plus de primitives de la fonction (4.21), mais on peut élaborer des tables des valeurs de la fonction de répartition (par calcul numérique). **Les valeurs demandées pour les densités non centrées réduites se déduiront de cette table commune (voir exercices).**

Notation

Pour la variable centrée réduite, on écrira :

$$\boxed{U \rightarrow N(0,1)}$$

Fonction de répartition

Comme nous l'avons signalé ci-dessus, on n'en connaît pas l'expression analytique. Toutefois, on peut la représenter. En effet, d'après la formule 4.11, la fonction de répartition F(x), associée à la variable normale centrée réduite, est représentée par l'aire en grisé de la figure ci-dessous.

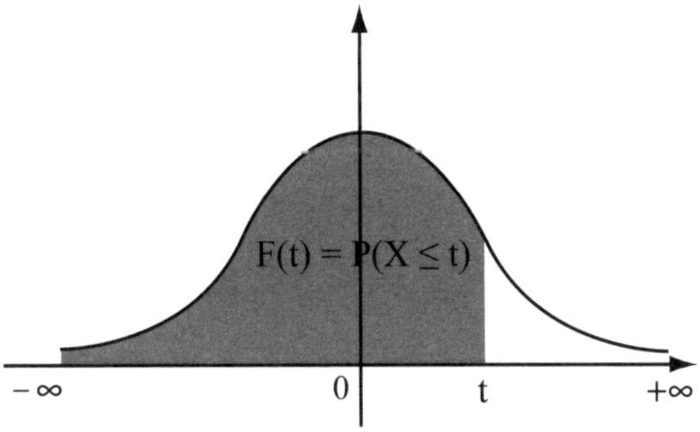

FIG. 4.3 – Fonction de répartition de la loi normale centrée réduite.

On trouve les valeurs numériques correspondant à F(x) dans des tables.

Par conséquent, connaissant F(b) et F(a) (donnés par la table), on pourra déterminer

$$\boxed{P(a \leq X \leq b) = F(b) - F(a)} \tag{4.23}$$

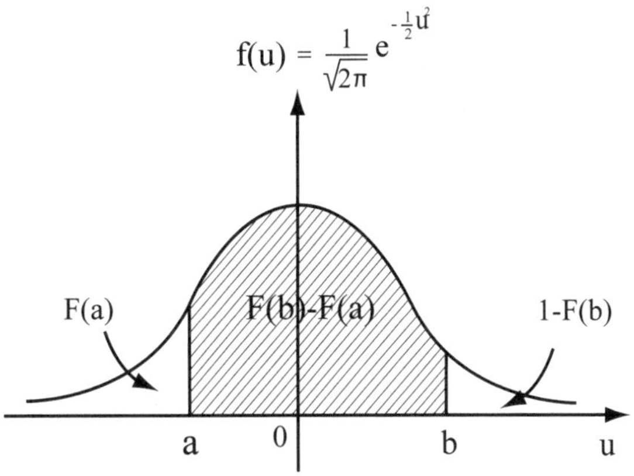

FIG. 4.4 – Représentation graphique de la probabilité $P(a \leq X \leq b)$ (hachurée sur la figure).

Quelques valeurs remarquables données par les tables

Outre l'apprentissage de l'usage des tables que les professeurs peuvent exiger (et cette question sera abordée dans les exercices concernant les tests statistiques), certaines valeurs classiques doivent être connues (les professeurs les précisent, mais la première est fondamentale).

1. **Prob** $[-1,96 < u < +1,96]$ **= 0,95**
2. Prob $[-1,64 < u < +1,64] = 0,90$

On peut schématiser ces résultats par les dessins ci-dessous (que l'on manipulera souvent) :

Plus généralement, si l'on se donne une valeur α, on peut s'intéresser à la valeur u_α pour laquelle on a

$$\text{Prob}\,[-u_\alpha < u < u_\alpha] = 1 - \alpha \tag{4.24}$$

La valeur de u_α dépend bien sûr de α et est donnée par les tables.

(par exemple, pour $\alpha = 0,05$, les tables donnent $u_\alpha = 1,96$ comme vu ci-dessus).

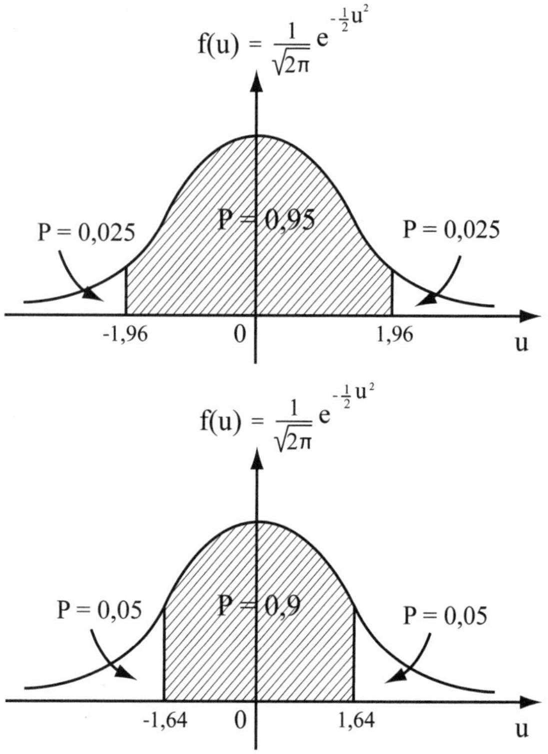

FIG. 4.5 – Les principales valeurs numériques à connaître sur la loi normale centrée réduite

Il faut bien comprendre que α est la probabilité que la variable se trouve à l'extérieur de l'intervalle $[-u_\alpha\,;u_\alpha]$. Autrement dit, chacune des zones non hachurées de la représentation graphique ci-dessous correspond à la probabilité $\frac{\alpha}{2}$.

Précisons : $\text{Prob}\,(U > u_\alpha) = \text{Prob}\,(U < -u_\alpha) = \frac{\alpha}{2}$.

Ces résultats sont consignés dans la représentation graphique ci-dessous.

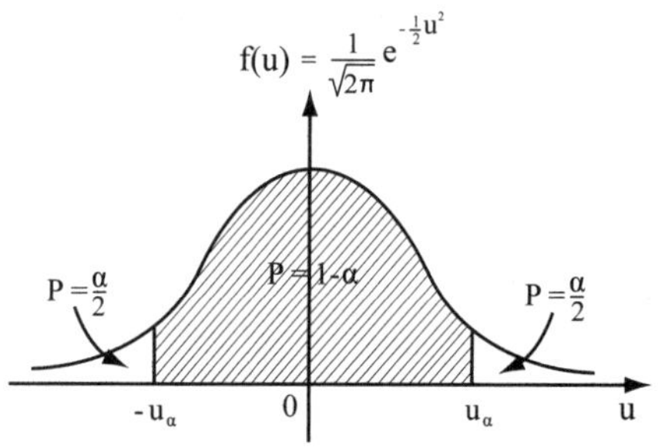

FIG. 4.6 – Représentation de : $\text{Prob}\,[-u_\alpha < u < u_\alpha] = 1 - \alpha$.

Calcul d'intégrales classiques

Bien que l'on ne connaisse pas de **primitives** des densités envisagées dans ce paragraphe, on peut néanmoins calculer des **intégrales** particulières (les méthodes conduisant à ces calculs sont totalement hors programme). On démontre ainsi le résultat important suivant (**à connaître, car très pratique**)

$$\boxed{\int_{-\infty}^{+\infty} e^{-\alpha x^2}dx = \int_{-\infty}^{+\infty} e^{-\alpha(x-m)^2}dx = \sqrt{\frac{\pi}{\alpha}}} \qquad (4.25)$$

4.2.13 Loi du χ^2

Soit n variables normales centrées réduites indépendantes $U_1, U_2, ..., U_n$.

La variable[1]

$$\chi^2 = U_1^2 + U_2^2 + ... + U_i^2 + ... + U_n^2$$

est une variable aléatoire.

La loi correspondante est appelée **loi du χ^2 à n degrés de libertés** et notée $\chi^2(n)$. Elle joue un rôle majeur en théorie des tests. Comme à chaque fois que la fonction de répartition n'est pas connue, les valeurs de la fonction de répartition de la loi du $\chi^2(n)$ sont fournies par des tables.

Espérance mathématique

Comme $V(U_i^2) = E(U_i^2) - [E(U_i)]^2$ et que $V(U_i^2) = 1$ et $E(U_i) = 0$, on a $E(U_i^2) = 1$.

D'où

$$E(\chi^2) = E\left[\sum_{i=1}^{n} U_i^2\right] = \sum_{i=1}^{n} E(U_i^2) = n$$

Variance

On peut démontrer que

$$V(\chi^2) = 2n$$

4.2.14 Loi T de Student

Sa définition (qui dépend de la loi normale et de la loi du χ^2) est, en principe, hors programme. Tout ce que l'étudiant a à en savoir, c'est que :

1. elle intervient en théorie des tests pour des échantillons de faible effectif et que ses valeurs, dépendant d'un nombre de dégrés de libertés (ddl), sont tabulées ;
2. la loi de Student à n dégrés de libertés est notée T(n) ;
3. les échantillons de faible effectif ($n < 30$) font intervenir la loi T(n−1) ;
4. la loi de Student est approximée par la loi N(0,1) dès que $n \geq 30$.

---

[1] Beaucoup d'auteurs notent différemment la variable ci-dessus (souvent par la variable Kappa κ) et la loi à laquelle elle obéit : nous préférons utiliser la même notation χ^2 pour la variable et la loi.

EXERCICES

4.3 Questions à choix multiples

QCM 1

Parmi les fonctions suivantes, laquelle (lesquelles) peut (peuvent) être une (des) fonction(s) de répartition ? (on ne cherchera pas à démontrer les notions de continuité).

A) $F(x) = 0$ pour $x < 0$ et $F(x) = 1 - e^{-x}$ pour $x \geq 0$

B) $F(x) = 0$ pour $x < 1$ $F(x) = 1 - \ln x$ pour $x \geq 1$

C) $F(x) = 0$ pour $x < 0$, $F(x) = \tan x$ pour $0 \leq x < \frac{\pi}{4}$ et $F(x) = 1$ pour $x \geq \frac{\pi}{4}$

D) $F(x) = 0$ pour $x < 0$ et $F(x) = 1 + e^{-x}$ pour $x \geq 0$

E) Aucune des fonctions ci-dessus.

QCM 2

On considère la fonction définie par :

1. $f(x) = 0$ **si** $x < 0$

2. $f(x) = \lambda e^{-3x}$ **si** $x \leq 0$

Pour quelle valeur de λ cette fonction est-elle une densité de probabilité ?

A) 1

B) 2

C) 3

D) 4

E) Autre réponse.

QCM 3

On considère la loi uniforme sur [0 ;1], de densité définie par

1. $f(x) = 0$ **si** $x < 0$

2. $f(x) = a$ **si** $0 \leq x \leq 1$

3. $f(x) = 0$ **si** $x > 1$

La valeur de a est égale à

A) 1

B) 2

C) 3
D) 4
E) ne peut être déterminée.

QCM 4

On considère la loi de densité définie par

1. $f(x) = 0$ **si** $x < 0$
2. $f(x) = a\,x$ **si** $0 \leq x \leq 1$
3. $f(x) = 2a - a\,x$ **si** $1 \leq x \leq 2$
4. $f(x) = 0$ **si** $x > 2$

La valeur de a est égale à

A) 1
B) 2
C) 3
D) 4
E) 5

QCM 5

L'espérance mathématique vaut

A) 0
B) 0,5
C) 1
D) 1,5
E) 2

QCM 6

Concernant toujours la densité du QCM 4 (où l'on a pris la valeur $a = 1$**), on peut affirmer que :**

A) $P(X = 1) = 1$
B) $P(X \leq 1) = 0,5$
C) $P(X \leq 2) = 0,5$
D) $P(X = 1) = 0$
E) Aucune des propositions ci-dessus n'est exacte.

QCM 7

On considère la loi uniforme sur [0,1], nulle en dehors de ce segment. La fonction de répartition entre 0 et 1 a pour expression :

A) $1-x$
B) x

C) x^2

D) $\sqrt{x}$

E) Aucun des résultats ci dessus.

QCM 8

Soit la courbe suivante, représentant la fonction de répartition d'une loi continue (mais notez au passage que la dérivée, qui est la densité, n'est pas, elle, nécessairement continue, et que la courbe peut donc présenter des ruptures de pente ce qui est ici le cas.)

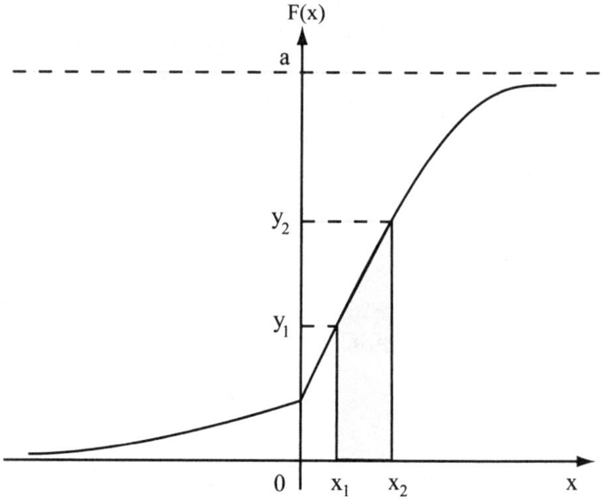

FIG. 4.7 – Une fonction de répartition.

A) L'aire grisée représente la probabilité de trouver la variable aléatoire entre x_1 et x_2.

B) a=1.

C) $\text{Prob}(x_1 \leq X \leq x_2) = y_2 - y_1$.

D) $\text{Prob}(X = x_1) < \text{Prob}\ (X = x_2)$

E) Toutes les propositions ci-dessus sont fausses.

QCM 9

On considère une variable aléatoire de densité définie par :

$$f(x) = 0 \quad \textbf{pour } x < 0 \quad \textbf{et} \quad f(x) = 2e^{-ax} \quad \textbf{pour } x \geq 0$$

A) $a = 1$

B) $a = 2$

C) La fonction de répartition est définie par :

$$F(x) = 0 \quad \text{pour } x < 0 \quad \text{et} \quad F(x) = -e^{-2x} \quad \text{pour } x \geq 0$$

D) La fonction de répartition est définie par :

$$F(x) = 0 \quad \text{pour } x < 0 \quad \text{et} \quad F(x) = 1 - e^{-2x} \quad \text{pour } x \geq 0$$

E) F est une primitive de f.

QCM 10

Soit deux variables aléatoires continues et indépendantes X et Y, de fonctions de répartition respectives F et G.

On définit la nouvelle variable $Z = \max(X, Y)$. La fonction de répartition H de Z a pour expression

A) $F(1-G)$
B) $G(1-F)$
C) $(1-F)(1-G)$
D) F+G
E) Autre réponse.

QCM 11

Quelle est la valeur de l'intégrale

$$I = \int_{-\infty}^{+\infty} e^{-\frac{x^2}{32}}\, dx \quad ?$$

A) $\sqrt{2\pi}$
B) $1/\sqrt{2\pi}$
C) 4
D) $4\sqrt{2\pi}$
E) Autre réponse.

QCM 12

Quelle est la valeur de l'intégrale

$$I = \frac{1}{\sqrt{2\pi}} \int_{-\infty}^{+\infty} \mathbf{exp}\{-\left[\frac{x+5}{6}\right]^2\}\, dx \quad ?$$

A) 1
B) $\sqrt{3}$
C) $\sqrt{2}$
D) $\sqrt{6\pi}$
E) Autre réponse.

QCM 13

Soit une variable X obéissant à la loi de Poisson P(3). Quel est le moment d'ordre 2 ?

A) 12

B) 9

C) 3

D) 6

E) Ne peut être calculé car il manque des données.

QCM 14 (suite du 13)

Avec les mêmes données qu'au QCM 13, $E[\,X(X-1)\,]$ **est égal à :**

A) 12

B) 9

C) 6

D) 3

E) Autre réponse.

QCM 15

La glycémie des Français est une variable normale dont la moyenne est égale à 1 g.L^{-1} et l'écart-type à 0,2 g.L^{-1}. On choisit au hasard un individu dans la population. La probabilité que sa glycémie soit comprise entre 0,8 et 1,1 (en g.L^{-1}) est égale à (la lecture des tables est indispensable) :

A) 0,45

B) 0,72

C) 0,9

D) 0,53

E) 0,81

QCM 16

Une variable de Poisson a un moment d'ordre 2 égal à 12. Son paramètre λ a pour valeur :

A) 2

B) 3

C) -4

D) 1

E) Autre réponse.

QCM 17 (extrait d'annales du concours Paris 13 (2012)

Soit X une variable aléatoire de loi B(6 ; 0,5), Y une variable aléatoire de loi de Poisson P(4) et Z une variable aléatoire de loi N(0 ; 1). On donne :

$$\textbf{cov}(X,Y) = -2 \quad \textbf{et} \quad \textbf{cov}(X+Y,Z) = 0$$

On considère la variable aléatoire $T = X + Y + Z$
L'espérance mathématique de T est égale à :

A) 3
B) 4
C) 5
D) 7
E) Autre réponse.

QCM 18 (suite du QCM 17)

Avec les mêmes données que celles du QCM 17, la variance de T est égale à :

A) 2,5
B) 3
C) 3,5
D) 4
E) 4,5

CORRIGÉS

QCM 1 A,C

Parmi les fonctions suivantes, laquelle (lesquelles) peut (peuvent) être une (des) fonction(s) de répartition ? (on ne cherchera pas à démontrer les notions de continuité).

A) $F(x) = 0$ pour $x < 0$ et $F(x) = 1 - e^{-x}$ pour $x \geq 0$

VRAI : voir explications ci-dessous.

B) $F(x) = 0$ pour $x < 1$ $F(x) = 1 - \ln x$ pour $x \geq 1$

FAUX : la fonction tend vers $-\infty$ (comme $-\ln x$) quand x tend vers $+\infty$ (alors qu'elle devrait tendre vers 0).

C) $F(x) = 0$ pour $x < 0$, $F(x) = \tan x$ pour $0 \leq x < \frac{\pi}{4}$ et $F(x) = 1$ pour $x \geq \frac{\pi}{4}$

VRAI : voir explications ci-dessous.

D) $F(x) = 0$ pour $x < 0$ et $F(x) = 1 + e^{-x}$ pour $x \geq 0$

FAUX : certes, les limites infinies sont correctes, mais la fonction est décroissante pour les valeurs positives de x. En effet : $F'(x) = -e^{-x} < 0$ (or, une fonction de répartition n'est jamais décroissante).

E) Aucune des fonctions ci-dessus. **FAUX.**

Explications

1. **Item A** :
   (a) d'une part on a bien $\lim_{x \to -\infty} F(x) = 0$ et $\lim_{x \to +\infty} F(x) = 1$ puisque $\lim_{x \to +\infty} e^{-x} = e^{-\infty} = 0$
   (b) d'autre part : $[1 - e^{-x}]' = e^{-x} > 0$. La fonction est donc bien croissante.

   Les conditions requises pour une fonction de répartition sont par conséquent satisfaites.

2. **Item C** :

   Les limites 0 en $-\infty$ et 1 en $+\infty$ sont bien respectées. De plus, la fonction "tan" est croissante de 0 à 1 entre 0 et $\pi/4$ [car $(\tan x)' = 1 + \tan^2 x > 0$.

QCM 2 C

On considère la fonction définie par :

1. $f(x) = 0$ **si** $x < 0$

2. $f(x) = \lambda e^{-3x}$ **si** $x \leq 0$

Pour quelle valeur de λ cette fonction est-elle une densité de probabilité ?

A) 1 **FAUX.**

B) 2 **FAUX.**

C) 3 **VRAI : voir explications.**

D) 4 **FAUX.**

E) Autre réponse. **FAUX.**

Explications

Une densité doit vérifier la condition (condition de normalisation : voir cours)

$$\int_{-\infty}^{+\infty} f(x)dx = 1$$

Or, dans le cas présent :

$$\int_{-\infty}^{+\infty} f(x)dx = \int_{0}^{+\infty} \lambda e^{-3x}dx = \frac{\lambda}{-3}\left[e^{-3x}\right]_0^{+\infty}$$

soit

$$\int_{-\infty}^{+\infty} f(x)dx = \frac{-\lambda}{3}\left[e^{-\infty} - e^0\right] = \frac{-\lambda}{3}[0-1] = \frac{\lambda}{3} = 1$$

D'où $\lambda = 3$.

QCM 3 A

On considère la loi uniforme sur [0 ;1], de densité définie par

1. $f(x) = 0$ **si** $x < 0$

2. $f(x) = a$ **si** $0 \leq x \leq 1$

3. $f(x) = 0$ **si** $x > 1$

La valeur de a est égale à :

A) 1 **VRAI : voir explications.**

B) 2 **FAUX.**

C) 3 **FAUX.**

D) 4 **FAUX.**

E) Ne peut être déterminée. **FAUX.**

Explications

La courbe représentative de la densité (dont le tracé n'est pas obligatoire, mais qui simplifie les calculs) est la suivante :

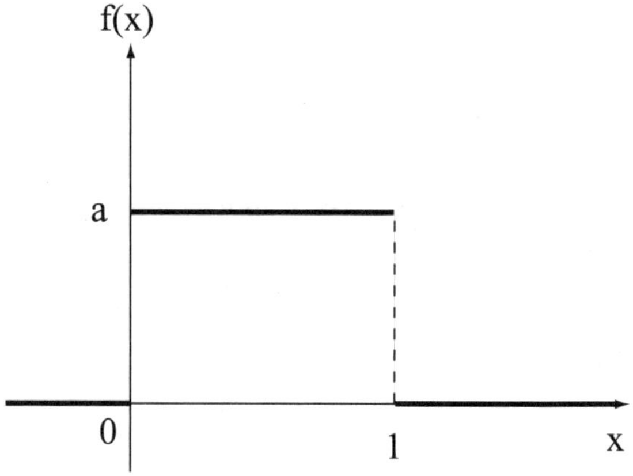

FIG. 4.8 – Densité proposée.

$$\int_{-\infty}^{+\infty} f(x)dx = 1$$

traduit simplement le fait que l'aire sous la courbe est égale à 1. Or ici, cette aire est celle d'un rectangle de longueur 1 et de largeur a : elle est donc égale à a. Par conséquent, a=1.

On voit qu'il serait maladroit d'effectuer le calcul de l'intégrale (même s'il est simple).

QCM 4 A

On considère la loi de densité définie par

1. $f(x) = 0$ **si** $x < 0$
2. $f(x) = a\,x$ **si** $0 \leq x \leq 1$
3. $f(x) = 2a - a\,x$ **si** $1 \leq x \leq 2$
4. $f(x) = 0$ **si** $x > 2$

La valeur de a est égale à

A) 1 **VRAI.**
B) 2 **FAUX.**
C) 3 **FAUX.**
D) 4 **FAUX.**
E) 5 **FAUX.**

Explications

On peut représenter graphiquement la fonction densité de façon très rapide : les deux tracés horizontaux sont évidents.

Par ailleurs, le premier segment de droite (oblique) passe par les points (0,0) et (1,a) (remplacer les abscisses dans ax), et le deuxième segment oblique passe par les points (1,a) et (2,0) (obtenus par remplacement dans l'expression 2a− ax). On constate alors que le tracé est continu.

FIG. 4.9 – La densité de probabilité a la forme d'un triangle.

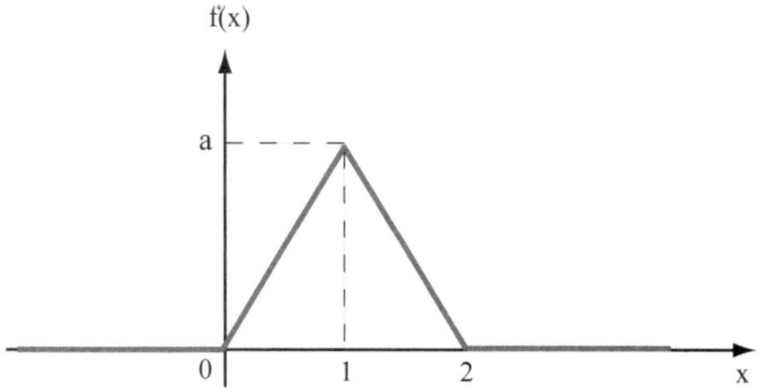

Dans ces conditions, la **condition de normalisation**

$$\int_{-\infty}^{+\infty} f(x)dx = 1$$

est traduite par le fait que l'aire sous le triangle est égale à 1. Rappelons que l'aire d'un triangle est donnée par

$$Aire = \frac{(\text{base}).(\text{hauteur})}{2}$$

Soit ici

$$\text{Aire} = \frac{2.a}{2} = a = 1$$

D'où la réponse A.

Comme on y sera parfois obligé, nous allons également effectuer le calcul par intégration (il n'est pas compliqué).

$$\int_{-\infty}^{+\infty} f(x)dx = \int_{-\infty}^{0} f(x)dx + \int_{0}^{1} f(x)dx + \int_{1}^{2} f(x)dx + \int_{2}^{+\infty} f(x)dx$$

Soit,

$$\int_{-\infty}^{+\infty} f(x)dx = \int_{-\infty}^{0} 0\,dx + \int_{0}^{1} ax dx + \int_{1}^{2} (2a - ax)dx + \int_{2}^{+\infty} 0\,dx$$

On en déduit :

$$\int_{-\infty}^{+\infty} f(x)dx = 0 + \left[\frac{ax^2}{2}\right]_0^1 + \left[2ax - \frac{ax^2}{2}\right]_1^2 + 0$$

Finalement,

$$\int_{-\infty}^{+\infty} f(x)dx = \frac{a}{2} + \left[(4a - 2a) - (2a - \frac{a}{2})\right] = a = 1$$

C.Q.F.D

Mais le calcul “graphique” est tout de même plus simple.

QCM 5 C

L’espérance mathématique vaut

A) 0 **FAUX.**

B) 0,5 **FAUX.**

C) 1 **VRAI : puisque c’est la valeur correspondant à l’axe de symétrie de la densité.**

D) 1,5 **FAUX.**

E) 2 **FAUX.**

Commentaires :

Un argument de symétrie (item C) nous permet de conclure immédiatement, sans calcul. Ce ne sera pas toujours possible.

On peut bien sûr calculer l’espérance mathématique grâce à la définition (4.14).

Détaillons donc ce calcul (où l’on a pris la valeur $a = 1$ trouvée au QCM 4) car on ne disposera pas toujours d’éléments de symétrie permettant de conclure aussi rapidement (et nous invitons le lecteur à conduire également ces calculs jusqu’à leur terme) :

$$E(X) = \int_{-\infty}^{+\infty} x.f(x)dx = \int_{-\infty}^{0} x.0dx + \int_{0}^{1} x.xdx + \int_{1}^{2} x.(2-x)dx + \int_{2}^{+\infty} x.0dx$$

soit

$$E(X) = 0+[\frac{x^3}{3}]_0^1+[x^2-\frac{x^3}{3}]_1^2+0 = \frac{1}{3}+[(4-\frac{8}{3})-(1-\frac{1}{3})] = \frac{1}{3}+4-\frac{8}{3}-1+\frac{1}{3} = 1$$

ce qui est tout de même plus long que les simples arguments de symétrie !

QCM 6 B,D

Concernant toujours la densité du QCM 4 (où l’on a gardé la valeur $a = 1$), on peut affirmer que :

A) $P(X = 1) = 1$ **FAUX : en continu, la probabilité d’une valeur numérique est toujours nulle.**

B) $P(X \leq 1) = 0,5$ **VRAI : c’est l’aire du demi triangle gauche.**

C) $P(X \leq 2) = 0,5$ **FAUX : c’est l’aire totale du triangle, soit 1.**

D) $P(X = 1) = 0$ **VRAI : cf. item A.**

E) Aucune des propositions ci-dessus n’est exacte. **FAUX.**

QCM 7 B

On considère la loi uniforme sur [0,1], nulle en dehors de ce segment. La fonction de répartition entre 0 et 1 a pour expression :

A) $1-x$ **FAUX.**
B) x **VRAI : voir explications.**
C) x^2 **FAUX.**
D) $\sqrt{x}$ **FAUX.**
E) Aucun des résultats ci dessus. **FAUX.**

Explications

La densité de la loi uniforme sur [0,1] est représentée sur la figure ci-dessous : la valeur maximum vaut 1 comme démontré au QCM 3. Dans ces conditions, la fonction de répartition a pour expression :

$$F(x) = P(X \leqslant x) = \int_{-\infty}^{x} f(t)dt = \int_{-\infty}^{0} f(t)dt + \int_{0}^{x} f(t)dt = \int_{-\infty}^{0} 0dt + \int_{0}^{x} 1dt$$

puisque l'on s'intéresse à la fonction de répartition pour x variant de 0 à 1. Soit finalement

$$F(x) = 0 + [t]_0^x = x$$

Ce résultat est graphiquement visible sans calcul : en effet, la fonction de répartition est l'aire sous la courbe densité comprise ente $-\infty$ et x, c'est-à-dire l'aire en grisé sur la figure, qui vaut bien sûr x (aire d'un rectangle de côtés 1 et x).

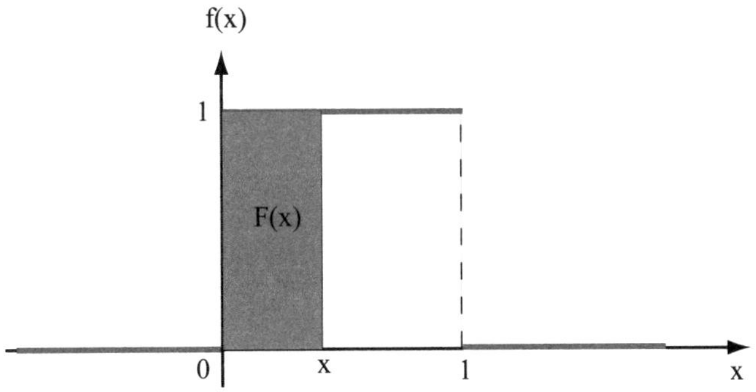

FIG. 4.10 – La fonction de répartition est représentée par l'aire grisée.

QCM 8 B,C

Soit la courbe suivante, représentant la fonction de répartition d'une loi continue (mais notez au passage que la dérivée, qui est la densité, n'est pas, elle, nécessairement continue, et que la courbe peut donc présenter des ruptures de pente ce qui est ici le cas.)

A) L'aire grisée représente la probabilité de trouver la variable aléatoire entre x_1 et x_2.

FAUX : ce serait vrai si la courbe représentée était la densité de probabilité : voir commentaire sur l'item C.

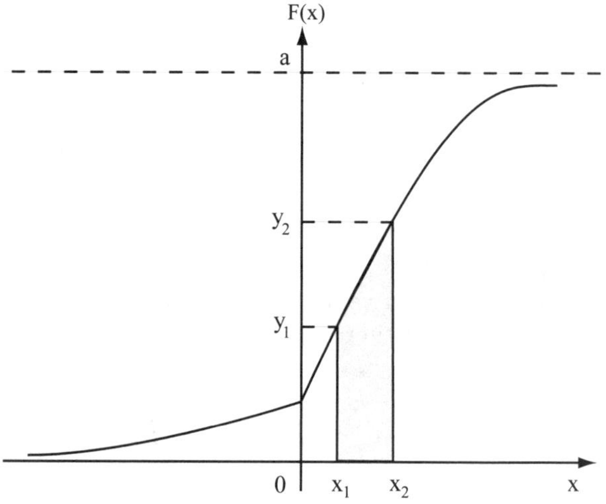

FIG. 4.11 – Une fonction de répartition

B) a=1.
VRAI : c'est la limite en $+\infty$ de la fonction de répartition.

C) Prob($x_1 \leq X \leq x_2$) $= y_2 - y_1$.
VRAI : voir commentaire.

D) Prob($X = x_1$) < Prob ($X = x_2$).
FAUX : ces deux quantités sont nulles ! (ne pas croire par exemple que Prob[$(X = x_1) = y_1$].

E) Toutes les propositions ci-dessus sont fausses.
FAUX.

Commentaire

1. **Item A** : l'aire en grisé correspond à :

$$A = \int_{x_1}^{x_2} F(x)dx$$

qui n'a pas de signification particulière.

2. **Item C** : soit f la densité de probabilité associée à cette loi, c'est-à-dire vérifiant $f(x) = F'(x)$ (sauf en $x = 0$ où F n'est pas dérivable, mais encore une fois, l'étudiant de PACES ne sera pas confronté à ce type de "subtilité" mathématique). On a bien :

$$\text{Prob}(x_1 \leq X \leq x_2) = \int_{x_1}^{x_2} f(x)dx = [F(x)]_{x_1}^{x_2} = F(x_2) - F(x_1) = y_2 - y_1$$

QCM 9 B,D

On considère une variable aléatoire de densité définie par :

$$f(x) = 0 \quad \textbf{pour } x < 0 \quad \textbf{et} \quad f(x) = 2e^{-ax} \quad \textbf{pour } x \geq 0$$

A) $a = 1$
FAUX.

B) $a = 2$
VRAI : voir explications.

C) La fonction de répartition est définie par :

$$F(x) = 0 \quad \text{pour } x < 0 \quad \text{et} \quad F(x) = -e^{-2x} \quad \text{pour } x \geq 0$$

FAUX.

D) La fonction de répartition est définie par :

$$F(x) = 0 \quad \text{pour } x < 0 \quad \text{et} \quad F(x) = 1 - e^{-2x} \quad \text{pour } x \geq 0$$

VRAI : voir explications.

E) F est une primitive de f. **VRAI car** $F'(x) = f(x)$

Explications

1. Concernant les items A et B, on applique la condition de normalisation :

$$I = \int_{-\infty}^{+\infty} f(x)dx = 1 = \int_{-\infty}^{0} f(x)dx + \int_{0}^{+\infty} f(x)dx = 0 + \int_{0}^{+\infty} 2e^{-ax}dx$$

soit

$$I = -\frac{2}{a}[e^{-ax}]_0^{+\infty} = -\frac{2}{a}[0 - 1] = \frac{2}{a} = 1$$

d'où a=2.

2. Concernant les items C et D, on a :

$$\text{pour} \quad x < 0, \ F(x) = \int_{-\infty}^{x} 0 \, dt = 0$$

et pour $x \geq 0$

$$F(x) = 2\int_{0}^{x} e^{-at}dt = \frac{-2}{a}[e^{-at}]_0^x = \frac{-2}{a}[e^{-ax} - 1] = 1 - e^{-ax} = 1 - e^{-2x}$$

puisque $a = 2$.

QCM 10 E

Soit deux variables aléatoires continues et indépendantes X et Y, de fonctions de répartition respectives F et G.

On définit la nouvelle variable $Z = \max(X, Y)$. La fonction de répartition H de Z a pour expression

A) F(1-G) **FAUX.**

B) G(1-F) **FAUX.**

C) (1-F)(1-G) **FAUX.**

D) F+G **FAUX.**

E) Autre réponse.

VRAI : on trouve FG (voir les explications).

Explications

La fonction H est définie par

$$H(z) = \text{Prob}(Z \leq z) \Longleftrightarrow \text{Prob}[\,\max(X, Y)\,] \leq z$$

Soit :

$$H(z) = \text{Prob}[\,X \leq z \text{ et } Y \leq z] = \text{Prob}[\,X \leq z\,].\text{Prob}[\,Y \leq z\,] = F(z).G(z)$$

puisque X et Y sont indépendantes.

D'où le résultat : $H = FG$.

Remarque : *a priori*, les propositions A et B sont fausses. En effet, le résultat obtenu doit être symétrique par rapport à F et G (le texte ne "privilégie" ni X, ni Y : il n'y a donc aucune raison que le résultat final soit dissymétrique par rapport à X et Y ce qui exclut A et B).

QCM 11 D

Quelle est la valeur de l'intégrale

$$I = \int_{-\infty}^{+\infty} e^{-\frac{x^2}{32}}\, dx \quad ?$$

A) $\sqrt{2\pi}$ **FAUX.**

B) $\dfrac{1}{\sqrt{2\pi}}$ **FAUX.**

C) 4 **FAUX.**

D) $4\sqrt{2\pi}$ **VRAI : voir explications.**

E) Autre réponse. **FAUX.**

Explications

On utilise la formule (4.25), avec $\alpha = \dfrac{1}{32}$.

On obtient immédiatement :

$$I = \sqrt{\frac{\pi}{\frac{1}{32}}} = \sqrt{32\pi} = 4\sqrt{2\pi}$$

QCM 12 E

Quelle est la valeur de l'intégrale

$$I = \frac{1}{\sqrt{2\pi}} \int_{-\infty}^{+\infty} \mathbf{exp}\{-\left[\frac{x+5}{6}\right]^2\}\, dx \quad ?$$

A) 1 **FAUX.**
B) $\sqrt{3}$ **FAUX.**
C) $\sqrt{2}$ **FAUX.**
D) $\sqrt{6\pi}$ **FAUX.**
E) Autre réponse. **VRAI : voir explications.**

Explications

Comme cela a été signalé dans la formule 4.25, on peut écrire

$$J = \int_{-\infty}^{+\infty} \exp\{-\left[\frac{x+5}{6}\right]^2\}\, dx = \int_{-\infty}^{+\infty} \exp\{-\left[\frac{x}{6}\right]^2\}\, dx$$

Il faut bien prendre garde qu'ici, le dénominateur 6 est élevé au carré. On a donc :

$$J = \int_{-\infty}^{+\infty} \exp\{-\frac{x^2}{36}\}\, dx$$

D'où $(\alpha = \frac{1}{36})$:

$$J = \sqrt{\frac{\pi}{\frac{1}{36}}} = \sqrt{36\,\pi} = 6\sqrt{\pi} \quad \text{et donc} \quad I = \frac{1}{\sqrt{2\pi}}\, J = \frac{6}{\sqrt{2}} = \frac{6\sqrt{2}}{2} = 3\,\sqrt{2}$$

QCM 13 A

Soit une variable X obéissant à la loi de Poisson P(3). Quel est le moment d'ordre 2 ?

A) 12 **VRAI : voir explications.**
B) 9 **FAUX.**
C) 3 **FAUX.**
D) 6 **FAUX.**

E) Ne peut être calculé car il manque des données. **FAUX.**

Explications

N'oublions pas que, dans le cas d'une loi de Poisson,

$$E(X) = V(X) = \lambda$$

Donc, ici,

$$E(X) = V(X) = 3$$

On a par conséquent $V(X) = E(X^2) - [E(X)]^2$. D'où

$$E(X^2) = V(X) + [E(X)]^2 = 3 + 9 = 12$$

QCM 14 (suite du 13) B

Avec les mêmes données qu'au QCM 13, $E[X(X-1)]$ est égal à :

A) 12 **FAUX.**

B) 9 **VRAI :** $E[X(X-1)] = E[X^2 - X] = E(X^2) - E(X) = 12 - 3 = 9$

C) 6 **FAUX.**

D) 3 **FAUX.**

E) Autre réponse. **FAUX.**

QCM 15 D

La glycémie des Français est une variable normale dont la moyenne est égale à 1 g.L^{-1} et l'écart-type à 0,2 g.L^{-1}. On choisit au hasard un individu dans la population. La probabilité que sa glycémie soit comprise entre 0,8 et 1,1 (en g.L^{-1}) est égale à (la lecture des tables est indispensable) :

A) 0,45 **FAUX.**

B) 0,72 **FAUX.**

C) 0,9 **FAUX.**

D) 0,53 **VRAI : voir explications.**

E) 0,81 **FAUX.**

Explications

On introduit la variable centrée réduite $U = \dfrac{X-1}{0,2}$. D'où

$$P(0,8 \leq X \leq 1,1) = P\Big[-1 \leq \frac{0,8-1}{0,2} \leq U = \frac{X-1}{0,2} \leq \frac{1,1-1}{0,2} \leq 0,5\Big]$$

Les tables ne donnent aucun résultat pour des valeurs négatives. Pour celles-ci, il est indispensable de faire un dessin (ci-dessous). La lecture des tables donne :

F(0,5)=P($U \leq 0,5$) $\simeq 0,69$ et $P(U \leq 1 \simeq 0,84$ d'où, par symétrie :

$$F(-1) = P(U \leq -1) = 1 - 0,84 = 0,16$$

Finalement,

$$p(-1 \leq U \leq 0,5) = F(0,5) - F(-1) = 0,69 - 0,16 = 0,53$$

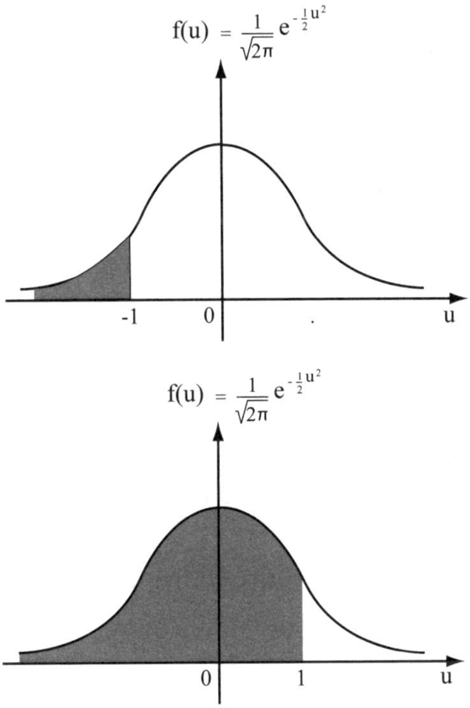

FIG. 4.12 – Ce graphique montre clairement que : $P(U \leq -1) = 1 - P(X \leq 1)$.

QCM 16 B

Une variable de Poisson a un moment d'ordre 2 égal à 12. Son paramètre λ a pour valeur :

A) 2 **FAUX.**

B) 3 **VRAI : voir explications.**

C) -4 **FAUX.**

D) 1 **FAUX.**

E) Autre réponse. **FAUX.**

Explications

$V(X) = E(X^2) - [E(X)]^2 \iff \lambda = E(X^2) - \lambda^2 \iff \lambda^2 + \lambda - 12 = 0.$

La résolution de ce trinôme (à l'aide du discriminant Δ) conduit aux solutions 3 et -4. Comme le paramètre d'une loi de Poisson est toujours positif, la solution est 3.

Pour les étudiants qui ont oublié (cela risque d'arriver !) la résolution d'une équation trinôme du second degré, il est possible de tester les valeurs (positives seulement). On voit ainsi rapidement que seule la valeur 3 convient. Cette méthode est très souvent utilisée.

QCM 17 (extrait d'annales du concours Paris 13 (2012) D

Soit X une variable aléatoire de loi B(6 ; 0,5), Y une variable aléatoire de loi de Poisson P(4) et Z une variable aléatoire de loi N(0 ; 1). On donne :

$$\mathbf{cov}(X, Y) = -2 \quad \mathbf{et} \quad \mathbf{cov}(X + Y, Z) = 0$$

On considère la variable aléatoire $T = X + Y + Z$.

L'espérance mathématique de T est égale à :

A) 3 **FAUX.**

B) 4 **FAUX.**

C) 5 **FAUX.**

D) 7 **VRAI : voir explications.**

E) Autre réponse. **FAUX.**

Explications

$$E(T) = E(X+Y+Z) = E(X)+E(Y)+E(Z) = \mathrm{np}+\lambda+\mathrm{m} = 6\times 0,5+4+0 = 7$$

QCM 18 (suite du QCM 17) A

Avec les mêmes données que celles du QCM 17, la variance de T est égale à :

A) 2,5 **VRAI : voir explications.**

B) 3 **FAUX.**

C) 3,5 **FAUX.**

D) 4 **FAUX.**

E) 4,5 **FAUX.**

Explications

$$V(T) = V(X+Y+Z) = V(X+Y) + V(Z) + 2\,cov(X+Y, Z)$$

soit

$$V(T) = V(X) + V(Y) + 2cov(X, Y) + V(Z) + 2cov(X+Y, Z)$$

et donc

$$V(T) = 6\times 0,5\times 0,5 + 4 + 2(-2) + 1 + 2\times 0 = 2,5$$

Deuxième partie

Statistiques

Chapitre 5

Statistiques descriptives

COURS

5.1 Le vocabulaire

5.1.1 Qu'est-ce que la statistique ?

Le mot "**statistique**"[1] présente deux acceptions :

1. d'une part, il désigne la collecte d'un ensemble de données qualitatives, (couleur des yeux, intentions de vote...) ou quantitatives (taille, poids...) relatives à un ensemble d'individus ;
2. d'autre part, il désigne les outils mathématiques permettant d'interpréter ces données. Ces outils peuvent revêtir eux-mêmes deux aspects :
   (a) un aspect représentatif synthétique sous forme de tableaux (histogrammes...), de graphiques (polygone des fréquences...), de paramètres (moyenne, variance...) destinés à une étude commode des données rassemblées : c'est la **statistique descriptive**, objet de ce chapitre (et de l'enseignement secondaire),
   (b) un aspect prévisionnel qui utilise un outil mathématique (théorie des probabilités) lui permettant de proposer des conjectures : c'est la **statistique inductive** (ou inférentielle), objet des chapitres suivants.

[1] Nous n'entrerons pas dans les subtilités sémantiques distinguant **la S**tatistique (ensemble des outils mathématiques aboutissant à de la prévision et à la prise de décision) et **les s**tatistiques (collecte des données, tableaux, graphiques, etc).

Mais à l'attention des étudiants sourcilleux, on peut associer succinctement les statistiques (avec un "s" minuscule) à la partie descriptive et la Statistique (avec un "S" majuscule) aux techniques mathématiques associées (réputées plus "nobles").

5.1.2 Population

Définition

C'est l'ensemble sur lequel on travaille, qui fait l'objet de l'étude statistique. Ce peut être un ensemble d'êtres humains, de souris, de médicaments, etc.

Individu

Tout élément de la population s'appelle individu (l'individu peut donc être un médicament !).

On emploie aussi parfois le terme **d'unité statistique**.

5.1.3 Échantillon

Définition

Un échantillon est une partie de la population (choisie au hasard). *A priori*, un échantillon est donc issu d'une **population mère**.

En statistique descriptive, on ignorera toujours cette filiation : autrement dit, on considèrera que l'échantillon dont on dispose constitue notre population, sans intention de se référer à une population plus vaste dont elle ferait partie. Donnons un exemple pour illustrer notre propos.

1. *Si l'on souhaite prévoir les intentions de vote des Français pour une élection, on ne va pas interroger toute la population (ce sera fait le jour de l'élection). On choisira un échantillon par tirage au sort (dit "représentatif" de la population) que l'on interrogera. Puis on essaiera d'en déduire les intentions de vote de la population tout entière (statistique inductive des chapitres suivants). Dans cet exemple, on n'ignore pas la population que l'on souhaite évidemment étudier.*
2. *Si l'on cherche à établir une statistique sur les durées de rémission des malades du sida (déclaré) à l'époque ou la trithérapie n'existait pas : il y a deux évidences :*
   (a) *cet "échantillon" (ensemble des malades du sida) n'a pas été tiré au sort dans la population,*
   (b) *on ne cherche pas à en déduire des résultats sur la population totale (qui a priori n'est pas malade).*

Dans ce deuxième exemple, on ignore la population totale (ou on peut aussi dire que la population est l'ensemble des malades, le reste n'ayant pas d'intérêt) et on fera de la statistique descriptive.

Résumons :

En statistique descriptive, nous ne parlerons donc plus d'échantillon (car ces échantillons sont considérés comme une population à part entière), réservant cette notion (que nous définirons précisément) pour les chapitres suivants de statistique inductive.

5.1.4 Variable statistique

On étudie donc un caractère donné pour chaque individu de la population : ce caractère constitue la **variable statistique** étudiée.

Cette variable peut être quantitative ou qualitative.

Variable quantitative

C'est une variable ayant par nature une **valeur numérique** : taille, poids, taux de cholestérol etc. Cette variable peut être :

1. **continue** : cela signifie qu'il existe un intervalle de $\mathbf{R}$ dans lequel la variable peut *a priori* prendre n'importe quelle valeur.

   Par exemple, la glycémie peut prendre a priori *n'importe quelle valeur dans l'intervalle* $[0{,}8\,;2]$ (en g/L) *(ce qui ne veut pas dire qu'elle prendra n'importe quelle valeur de cet intervalle, ni qu'elle ne peut prendre une valeur à l'extérieur de cet intervalle) ;*

2. **discrète** : cela signifie que les valeurs prises par cette variable constituent un ensemble dénombrable[2] (fini ou infini), c'est-à-dire que ces valeurs sont numérotables par un nombre entier. Elles seront ainsi notées $x_1, x_2, ..., x_i, ...$ (ce qui est impossible pour une variable continue).

   En statistique, nous n'aurons affaire qu'à des ensembles FINIS (contrairement aux probabilités).

   Par exemple, le nombre d'enfants de chaque famille.

Variable qualitative

Elles ne sont pas numériques. La "valeur" est une **modalité** : couleur des yeux dans la population, degré de gravité d'une maladie (faible, moyen, fort...), intention de vote, etc. On distingue de plus :

1. **les variables qualitatives ordinales** qui peuvent faire l'objet d'un classement (degré de gravité d'une maladie, par exemple).

   On peut leur associer une valeur numérique constituant le classement (on parle parfois d'échelle, comme l'échelle de Richter pour les tremblements de Terre) ;

2. **les variables essentiellement qualitatives** (pas d'ordre possible), comme la couleur des yeux (classement douteux !).

   On peut néanmoins leur associer une valeur numérique de manière arbitraire.

Effectifs et fréquences

La suite de ce chapitre se réfère à une variable quantitative.

1. **Effectif partiel de la valeur** x_i : le nombre n_i d'individus de la population possédant la valeur x_i s'appelle l'effectif (partiel) de cette valeur.

[2] i.e en bijection avec $\mathbf{N}$ ou une partie de $\mathbf{N}$.

2. **Effectif cumulé** : c'est la somme des effectifs jusqu'à une valeur x_i de la variable, soit
$$\sum_{x \leq x_i} n_i$$
3. **Effectif total** : c'est la somme n des effectifs partiels. On a bien sûr :
$$n = \sum_{i=1}^{p} n_i$$
où p est la taille de la population.
4. **Fréquence f_i de la valeur x_i** : par définition
$$f_i = \frac{n_i}{n} \qquad \text{ce qui implique} \qquad \sum_{i=1}^{p} f_i = 1 \qquad \text{(condition de normalisation)}$$
5. **Fréquence cumulée croissante** : c'est la somme des fréquences jusqu'à une valeur x_i de la variable, soit
$$f_i^c = \sum_{x \leq x_i} f_i \qquad \text{(équivalent de la fonction de répartition en probabilités)}$$

Dans le cas de séries classées, les x_i sont remplacés par les centres c_i des classes $[x_i, x_{i+1}[$: f_i^c est alors la somme des fréquences, **incluant la $i^{\text{ème}}$ classe** $[x_i, x_{i+1}[$ (voir ci-dessous).

Nous ne détaillons pas les fréquences cumulées décroissantes, quasiment pas utilisées en PACES.

Série statistique

1. **Variable discrète : série ponctuelle.**
C'est la donnée des valeurs de la variable statistique accompagnées de leurs effectifs (ou de leurs fréquences) respectifs(ves).

Valeurs	x_1	x_2	...	x_i	...	x_p
Effectifs	n_1	n_2	...	n_i	...	n_p

ou

Valeurs	x_1	x_2	...	x_i	...	x_p
Fréquences	f_1	f_2	...	f_i	...	f_p

2. **Variable continue : série classée**
Lorsque les valeurs sont continues (ou trop nombreuses), on les regroupe par intervalles semi-ouverts, accompagnés de leurs effectifs ou de leurs fréquences. On obtient alors un tableau du type suivant :

Classes	$[x_1, x_2[$	$[x_2, x_3[$	...	$[x_{p-1}, x_p]$
Effectifs	n_1	n_2	...	n_p
Fréquences	f_1	f_2	...	f_p
Centres	c_1	c_2	...	c_p
Fréquences cumulées croissantes	f_1^c	f_2^c	...	f_p^c

Afin de pouvoir calculer les paramètres (moyenne, écart-type, médiane etc.) des séries classées comme dans le cas des séries ponctuelles, on utilise les centres des intervalles calculés de la façon suivante

$$c_i = \frac{x_i + x_{i+1}}{2}$$

Pour le calcul des valeurs non linéaires (écart-type, variance), on s'assurera que les amplitudes des classes sont égales.

5.2 Représentations graphiques

Nous n'envisagerons que les représentations relatives aux variables quantitatives.

Les variables qualitatives sont représentées par exemple par des diagrammes en "camembert" (secteurs circulaires) sans intérêt pour le PACES.

5.2.1 Variable discrète

Diagramme en bâtons

On peut illustrer les données du tableau de la série discrète définie au paragraphe précédent par un diagramme :

- les abscisses sont les valeurs de la série,
- les ordonnées sont les effectifs correspondants et sont représentées par un trait vertical ("bâton").

Polygone des effectifs

Il est obtenu en joignant les points (x_i, n_i).

Le diagramme ci-dessous représente le diagramme en bâtons d'une série à 5 valeurs, et les traits fins joignant les sommets des bâtons donnent le polygone des effectifs.

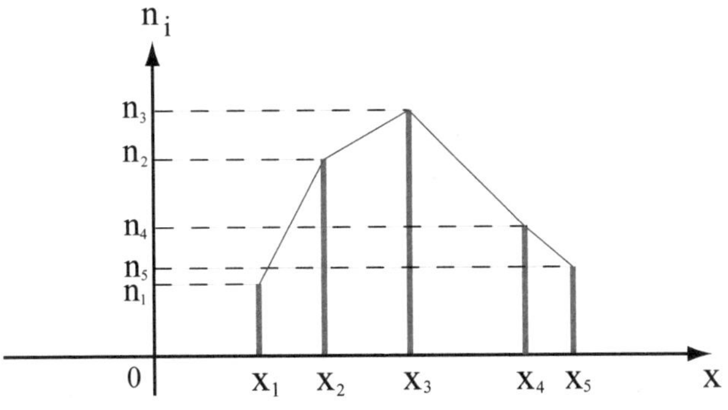

FIG. 5.1 – Diagramme en bâtons et polygone des effectifs.

Remarque : si l'on remplace les effectifs par les fréquences, on obtient le **polygone des fréquences**.

5.2.2 Variable continue

Histogramme des fréquences

La variable étant ordonnée en classes, l'histogramme est l'ensemble des rectangles de largeur (en abscisse) égale à la largeur de la classe $[x_i \;\; x_{i+1}[$ et de longueur la valeur

$$\frac{f_i}{(x_{i+1} - x_i)}$$

où f_i est la fréquence correspondant à la classe $[x_i \;\; x_{i+1}[$ et $(x_{i+1} - x_i)$ l'amplitude de cette classe. Prenons un exemple : soit la série classée

Classes	$[1, 2[$	$[2, 4[$	$[4, 6[$	$[6, 10]$
Fréquences	$0,1$	$0,4$	$0,2$	$0,3$
Fréquences/amplitude	$0,1$	$0,2$	$0,1$	$0,75$

L'histogramme correspondant est représenté ci-dessous.

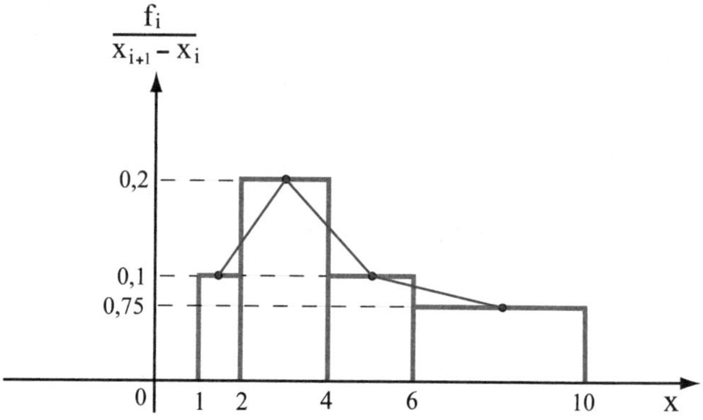

FIG. 5.2 – Histogramme des fréquences : le polygone des fréquences est tracé à partir des centres des classes.

Classe modale

C'est la classe correspondant au plus grand effectif (ramené à l'amplitude de la classe). Elle est donc visible directement sur l'histogramme.

Dans l'exemple ci-dessus, c'est la classe [2 4].

Courbe des fréquences cumulées croissantes

Illustrons cette notion par un exemple : soit la série classée accompagnée des valeurs des fréquences cumulées croissantes correspondantes (attention ! ce n'est pas la même que celle qui nous a conduits à l'histogramme ci-dessus).

Classes	$[0, 2[$	$[2, 4[$	$[4, 6[$	$[6, 8]$
Fréquences	$0,1$	$0,3$	$0,4$	$0,2$
Fréquences cumulées croissantes croissantes	$0,1$	$0,4$	$0,8$	1

1- Points de la courbe

Les points de la courbe des fréquences cumulées croissantes s'obtiennent de la façon suivante :

- Les abscisses sont les extrémités des classes.
- Les ordonnées sont les fréquences cumulées correspondantes.

On définit ainsi un tableau de points suivant :

Abscisses	0	2	4	6	8
Ordonnées	0	0,1	0,4	0,8	1

2- Tracé de la courbe

Dans chaque classe, on admet que l'augmentation de fréquence cumulée est régulière, donc affine : les points, extrémités des classes, sont donc reliées par un segment de droite. On obtient alors la courbe ci-dessous.

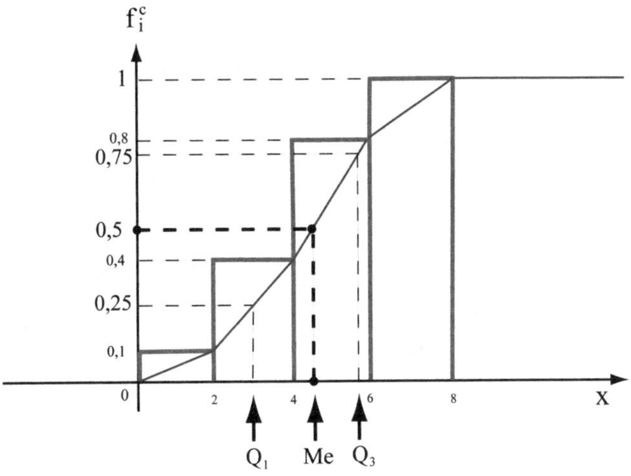

FIG. 5.3 – Courbe des fréquences cumulées croissantes.

Nous exploiterons cette courbe dans le paragraphe suivant.

5.3 Les paramètres descriptifs

5.3.1 Paramètres de position

Moyenne

Nous n'envisageons pas ici les moyennes géométrique et harmonique (non utilisées en PACES) : seule sera étudiée la moyenne arithmétique que nous appellerons donc tout simplement moyenne.

1. **Définition**

   Soit donc une série statistique à p valeurs de la variable. Par définition, la moyenne (aussi parfois notée m) est la quantité définie par :

$$\boxed{\overline{x} = \sum_{i=1}^{p} f_i\, x_i = \frac{1}{n}\sum_{i=1}^{p} n_i\, x_i} \tag{5.1}$$

Dans le cas (fréquent) où chaque valeur de la variable n'apparaît qu'une fois (donc $n_i = 1$ et $f_i = 1/n$ pour tout i), les formules ci-dessus prennent la forme plus simple :

$$\boxed{\overline{x} = \frac{1}{n}\sum_{i=1}^{p} x_i} \tag{5.2}$$

2. **Propriété :** la moyenne est **linéaire**, i.e :

$$\boxed{\overline{ax+b} = a\overline{x} + b} \tag{5.3}$$

Remarque 1 : la moyenne est un paramètre de position facile à calculer. Mais elle présente l'inconvénient d'être sensible aux variations importantes des valeurs extrêmes.

Exemple : la moyenne des 3 notes 9,10,11 est 10, alors que si l'on remplace 11 par 20, elle passe à 13.

Remarque 2 : Dans le cas d'une série classée, on remplace chaque classe par son centre et on se ramène ainsi au cas précédent.

Médiane

La détermination de ce paramètre de position est plus délicate et d'ailleurs plus discutable que celle de la moyenne.

Définition : la médiane M (aussi notée Q_2, car c'est le deuxième quartile) est une valeur numérique telle que 50% des valeurs de la série lui soient inférieures et 50% lui soient supérieures.

Autrement dit, la médiane sépare la série ordonnée en deux groupes de même effectif. Sa détermination diffère selon que la variable est discrète ou continue :

1. **Variable discrète : la détermination se fait en 2 temps :**
   • on ordonne la série statistique dans l'ordre croissant de ses valeurs (en répétant les valeurs dont l'effectif est supérieur à 1),
   • si n est l'effectif total, on calcule $n/2$.

   Deux sous-cas se présentent alors :

   (a) **1er cas : n est pair et donc $i = \frac{n}{2}$ est entier** On prend alors pour médiane la valeur

   $$M = \frac{x_i + x_{i+1}}{2}$$

   Exemple 1 : soit la série 1 , 1 , 3 , 3 , **3 , 4** , 7 , 7 , 7 , 7 (n=10).

   On a donc $i = 5$ et par conséquent $M = \dfrac{x_5 + x_6}{2} = \dfrac{3+4}{2} = 3,5$.

Sur cet exemple, il apparaît très clairement que la valeur 3,5 partage bien l'effectif total en 2 parties égales (mais certains auteurs considèrent que n'importe quelle valeur comprise entre 3 et 4 constitue une médiane : nous faisons toutefois comme la majorité d'entre eux et prenons la valeur centrale 3,5).

Exemple 2 : soit la série $1, 1, 3, 3, \mathbf{3}, \mathbf{3}, 7, 7, 7, 7$ (n=10).

On a donc $i = 5$ et par conséquent $M = \frac{3+3}{2} = 3$. Sur cet exemple, le caractère "médiane" de la valeur 3 apparaît beaucoup moins clairement (et certains auteurs considère qu'alors, on ne peut définir de médiane : le lecteur devra donc se conformer au point de vue de son propre professeur !).

(b) **2ème cas : n est impair et donc $\frac{n}{2}$ n'est pas entier.**

On note alors $i = \text{Ent}\,(\frac{n}{2})$ où Ent représente la partie entière (par exemple, Ent(6,72)=6) On prend alors pour médiane la valeur

$$M = x_{i+1}$$

Exemple 1 : soit la série $1, 1, 3, 3, \mathbf{4}, 7, 7, 7, 7$ (n=9).

$\frac{n}{2} = 4,5$ et Ent(4,5)=4. Donc $M = x_5 = 4$.

Autrement dit, **la médiane est la valeur centrale si celle-ci est unique (effectif égal à 1).**

Exemple 2 : soit la série $1, 1, 3, 3, \mathbf{3}, 7, 7, 7, 7$ (n=9). La valeur médiane au sens de notre définition est égale à 3 (avec les mêmes réserves que dans le cas n pair).

Pour conclure, on voit que la détermination de la médiane peut s'avérer discutable dans le cas discret : votre professeur devrait donc, soit ne pas poser de question sur ce sujet, soit le faire de manière non ambiguë (cas des exemples 1 envisagés dans les cas pair et impair).

2. **Variable continue**
Soit $[x_i, x_{i+1}[$ la classe contenant la valeur 0,5 de la fréquence cumulée croissante : c'est donc aussi la classe contenant la médiane. Pour définir celle-ci, nous ferons une interpolation linéaire, c'est-à-dire que nous considérons que l'écart entre la médiane M et x_i est proportionnel à l'écart entre f_{i-1}^c et 0,5. Plus précisément, on a le résultat suivant :

$$\frac{Me - x_i}{x_{i+1} - x_i} = \frac{0,5 - f_{i-1}^c}{f_i^c - f_{i-1}^c}$$

ou, plus simplement :

$$\frac{Me - x_i}{x_{i+1} - x_i} = \frac{0,5 - f_{i-1}^c}{f_i}$$

Nous n'encadrons pas ce résultat, car chaque professeur a sa propre présentation à laquelle il faudra que l'étudiant se conforme.

L'important est que ce soit bien compris (les exercices sont beaucoup plus simples).

Reprenons par exemple le cas étudié dans le paragraphe précédent (courbe des fréquences cumulées croissantes). Sur ce graphique, il apparaît clairement que la médiane se situe dans l'intervalle $[4,6[$. Elle est donc définie par la relation de proportionnalité :

$$\frac{Me-4}{6-4} = \frac{0,5-0,4}{0,8-0,4} = \frac{1}{4} = 0,25$$

D'où

$$\frac{Me-4}{2} = 0,25$$

soit

$$Me = 4 + 2.0,25 = 4,5$$

On peut trouver ce résultat graphiquement à l'aide de la courbe : la médiane est l'abscisse du point de la courbe d'ordonnée 0,5 (le résultat est bien sûr moins précis).

Remarques concernant moyenne et médiane

Remarque 1 : le calcul de la médiane est plus délicat que celui de la moyenne. En revanche, il est peu ou pas sensible aux valeurs extrêmes.

Exemple : Dans l'exemple vu pour la moyenne, la médiane de la série 9,10,11 est 10, et il en est de même de la série 9,10,20.

Remarque 2 : le calcul de la médiane est surtout intéressant (et a vraiment du sens) dans le cas des séries classées continues.

Remarque 3 : la moyenne et la médiane se confondent lorsque la série est symétrique. Si la série s'étire vers les grandes valeurs, la moyenne est supérieure à la médiane et c'est l'inverse si la série s'étire vers les petites valeurs.

Remarque 4 : dans le cas des séries discrètes, la moyenne ou la médiane peuvent ne pas être égales à l'une des valeurs de la série.

Exemple : soit la série 1,2,3,4. La moyenne et la médiane valent toutes deux 2,5 qui est une valeur différente des valeurs de la série.

Remarque 5 : contrairement à la médiane, la moyenne ne peut être obtenue graphiquement à partir de la courbe des fréquences cumulées croissantes (sauf cas très particuliers).

Quartiles

Les quartiles partagent la série ordonnée en 4 parties de même effectif. Comme ces notions sont peu développées en PACES, nous donnons uniquement les résultats dans le cas continu. La méthode est la même que celle utilisée pour la médiane (en remplaçant la valeur 0,5 par les fréquences cumulées 0,25 (1er quartile) et 0,75 (3ème quartile).

Nous supposons toujours que l'intervalle $[x_i, x_{i+1}[$ est la classe contenant le quartile considéré :

1er quartile Q$_1$

$$\frac{Q_1 - x_i}{x_{i+1} - x_i} = \frac{0,25 - f_{i-1}^c}{f_i}$$

Remarque : sur la courbe des fréquences cumulées croissantes, Q$_1$ est l'abscisse du point d'ordonnée 0,25.

- La lecture graphique de l'exemple ci-dessus (fig.5.3) donne $Q_1 \simeq 3$.
- Le calcul conduit à

$$\frac{Q_1 - 2}{4 - 2} = \frac{0,25 - 0,1}{0,4 - 0,1}$$

soit

$$\frac{Q_1 - 2}{2} = \frac{0,15}{0,3} = 0,5$$

d'où

$$Q_1 = 2 + 2.0,5 = 3$$

Le calcul confirme parfaitement la lecture graphique (ce n'est pas toujours aussi précis).

2ème quartile Q$_2$

Il s'agit tout simplement de la médiane.

3ème quartile Q$_3$

$$\frac{Q_3 - x_i}{x_{i+1} - x_i} = \frac{0,75 - f_{i-1}^c}{f_i}$$

Remarque : sur la courbe des fréquences cumulées croissantes, Q$_3$ est l'abscisse du point d'ordonnée 0,75.

- La lecture graphique de l'exemple ci-dessus (fig.5.3) donne $Q_3 \simeq 5,75$.
- Le calcul conduit à

$$\frac{Q_3 - 4}{6 - 4} = \frac{0,75 - 0,4}{0,8 - 0,4}$$

soit

$$\frac{Q_3 - 4}{2} = \frac{0,35}{0,4} = \frac{7}{8}$$

d'où

$$Q_1 = 4 + 2\frac{7}{8} = 4 + \frac{7}{4} = 4 + \frac{3,5}{2} = 4 + 1,75 = 5,75$$

Là encore, le calcul confirme parfaitement la lecture graphique.

Déciles-Centiles

On définit de la même façon les déciles (division en 10 parties égales), centiles (en cent),...quantiles en général.

Nous ne développerons pas ces notions.

5.3.2 Paramètres de dispersion

La connaissance de la moyenne (ou de la médiane) d'une série ne renseigne pas sur la façon dont l'ensemble des valeurs de cette série se répartit autour de la moyenne (ou de la médiane) :

C'est la notion de **dispersion**.

1. **La dispersion autour de la médiane** s'évalue simplement par **l'écart interquartile** ($Q_3 - Q_1$) (peu utilisé en PACES).
2. **La dispersion autour de la moyenne** s'évalue, elle, par **l'écart-type** : c'est cette notion que nous développons ci-dessous.

Variance

1. **Définition** : la variance V(x) est définie par :

$$\boxed{V(x) = \overline{(x - \overline{x})^2}} \tag{5.4}$$

2. **Théorème** : développons l'expression précédente

$$(x - \overline{x})^2 = x^2 - 2x\overline{x} + \overline{x}^2$$

On en déduit, d'après la linéarité de la moyenne :

$$\overline{(x - \overline{x})^2} = \overline{x^2} - \overline{2x\overline{x}} + \overline{\overline{x}^2}$$

Or, $\overline{x}^2$ est constant. Il est donc égal à sa moyenne, ce qui signifie $\overline{\overline{x}^2} = \overline{x}^2$.
On en déduit :

$$\overline{(x - \overline{x})^2} = \overline{x^2} - 2(\overline{x})^2 + (\overline{x})^2$$

Finalement :

$$\boxed{V(x) = \overline{x^2} - (\overline{x})^2} \tag{5.5}$$

Ce résultat constitue le théorème de Koenig, et c'est cette expression qui sera la plus utilisée (parce que la plus pratique) pour calculer la variance.

3. **Expressions analytiques** : elles sont obtenues par utilisation de la définition (5.2) de la moyenne, la seule vraiment utilisée pour le calcul de la variance.

   (a) **Traduction analytique de la formule** (5.4)

$$V(x) = \frac{1}{n} \sum_{i=1}^{p} (x_i - \overline{x})^2 \tag{5.6}$$

(b) **Traduction analytique de la formule** (5.5)

$$V(x) = \frac{1}{n}\sum_{i=1}^{p} x_i^2 - \left[\frac{1}{n}\sum_{i=1}^{p} x_i\right]^2 \tag{5.7}$$

Il serait maladroit (et inutile) d'apprendre par coeur ces deux derniers résultats (malheureusement, beaucoup d'étudiants le font et encombrent ainsi une mémoire déjà bien suffisamment occupée).

C'est pourquoi nous n' encadrons pas ces formules.

En revanche, il faut connaître parfaitement les relations encadrées et être capable d'en déduire instantanément les expressions analytiques à partir de l'expression analytique de la moyenne.

Écart-type

C'est le véritable paramètre de dispersion car, contrairement à la variance, il a la même dimension que la variable de la série statistique. Plus précisément :

$$\boxed{\sigma = \sqrt{V(x)} \quad \text{ou, de manière équivalente} \quad V(x) = \sigma^2} \tag{5.8}$$

Les expressions analytiques de l'écart-type sont bien entendu les racines carrées de celles de la variance.

5.3.3 Paramètres de forme

Ces paramètres décrivent l'allure de la série statistique. Il existe pour cela divers coefficients : aplatissement, asymétrie, dérive, etc.

Ces notions ne sont développées que rarement en PACES et nous nous ne donnons donc pas leurs expressions pour ne pas alourdir ce cours.

5.4 Lois conjointes

Ce sont des séries doubles (à 2 variables, bivariées). On s'intéresse alors aux liens (et corrélations) qui peuvent exister entre ces deux variables x et y.

Soit alors le tableau suivant :

x	x_1	x_2	...	x_i	...	x_p
y	y_1	y_2	...	y_i	...	y_p

5.4.1 Covariance

Définition

Par définition, la covariance des variables x et y est donnée par :

$$\boxed{\mathrm{cov}(x,y) = \overline{\left[\,(x-\overline{x})(y-\overline{y})\,\right]}} \tag{5.9}$$

Théorème

On peut démontrer (calculs analogues à ceux effectués pour la variance, et donc nous ne les reproduirons pas) que :

$$\boxed{\mathrm{cov}(x,y) = \overline{xy} - \bar{x}\bar{y}} \tag{5.10}$$

qui est la formule la plus utilisée pour le calcul de la covariance.

Expressions analytiques

1. La formule (5.9) prend la forme analytique suivante

$$\mathrm{cov}(x,y) = \frac{1}{p}\sum_{i=1}^{p}(x_i - \overline{x})(y_i - \overline{y})$$

2. La formule (5.10) prend la forme analytique suivante

$$\mathrm{cov}(x,y) = \frac{1}{p}\sum_{i=1}^{p} x_i y_i - \left[\frac{1}{p}\sum_{i=1}^{p} x_i\right]\left[\frac{1}{p}\sum_{i=1}^{p} y_i\right]$$

5.4.2 Coefficient de corrélation

C'est le nombre r(x,y) défini par

$$\boxed{r(x,y) = \frac{\mathrm{cov}(x,y)}{\sigma_x \sigma_y}} \tag{5.11}$$

On peut démontrer

$$-1 \leq r(x,y) \leq 1$$

On considère en général que la corrélation est forte à partir d'une **valeur absolue** égale à 0,8 (mais le choix de cette valeur dépend des professeurs).

De toutes manières, le caractère significatif de cette valeur devra être testé.

Remarque : une corrélation négative peut être forte. Le caractère négatif signifie simplement que ces variables varient en sens inverse.

5.4.3 Indépendance

On dit que les deux variables sont indépendantes si elles ne sont aucunement liées l'une à l'autre : par exemple, la glycémie d'un individu et son salaire (à ce jour, pas de lien connu).

Si deux variables sont indépendantes, leur covariance et leur coefficient de corrélation sont nuls. La réciproque est fausse : deux variables de corrélation nulle peuvent ne pas être indépendantes (même si c'est rare en statistique).

On dira toutefois qu'elles sont non **corrélées**. On retiendra notamment

$$\boxed{\text{x et y indépendantes} \quad \Longrightarrow \quad \overline{xy} = \bar{x}\bar{y}} \tag{5.12}$$

5.4.4 Ajustement linéaire

Cette notion ainsi que celle de droite de régression qui s'y rattache ne seront pas abordées dans ce cours (inutile en PACES).

EXERCICES

5.5 Questions à choix multiples

QCM 1 La taille d'un individu

La taille d'un individu

A) est une variable qualitative ordinale.

B) est une variable essentiellement qualitative.

C) est une variable quantitative discrète.

D) est une variable quantitative continue.

E) n'est pas une variable statistique.

QCM 2

La couleur des cheveux

A) est une variable qualitative ordinale.

B) est une variable essentiellement qualitative.

C) est une variable quantitative discrète.

D) est une variable quantitative continue.

E) n'est pas une variable statistique.

QCM 3

On considère une série de 4 valeurs d'une série statistique de fréquences respectives $\frac{1}{2}$, $\frac{1}{4}$, $\frac{1}{8}$ et a. Parmi les propositions suivantes, laquelle est exacte ?

A) la valeur de a est égale à $\frac{1}{16}$.

B) la valeur de a est égale à $\frac{1}{32}$.

C) la valeur de a est égale à $\frac{1}{4}$.

D) il manque des informations pour calculer a.

E) aucune des propositions ci-dessus.

QCM 4

On considère la série statistique discrète $\{x_i\}$ suivante :
$\{1 , 2 , 2 , 3 , 3 , 6 , 6 , 6 , 7\}$.

On donne (les textes de concours évitent de plus en plus de calculs inutiles aux étudiants, mêmes s'ils sont simples) :

$$\sum_i x_i = 36 \quad \text{et} \quad \sum_i x_i^2 = 184$$

A) La moyenne de cette série est égale à 9.
B) La moyenne de cette série est égale à 4.
C) Le mode de la série est 6.
D) La série n'a pas de mode.
E) La médiane de la série est égale à 6.

QCM 5

La variance vaut environ (à 10% près) :

A) 20,5
B) 168
C) -12
D) 4,5
E) Aucune des valeurs ci-dessus.

QCM 6

Soit la série à 2 variables suivante :

x	1	2	3	4	5
y	-2	-1	0	1	2

A) La moyenne de la variable x est égale à 15.
B) La moyenne de la variable x est égale à 3.
C) La médiane est supérieure à la moyenne.
D) La médiane est égale à 3.
E) Le mode vaut 3.

QCM 7 (suite du 6)

A) La moyenne et la médiane de la variable y sont nulles.
B) Le moment d'ordre 2 de x vaut 55.
C) Le moment d'ordre 2 de y vaut 0.
D) La variance de x vaut 52.
E) La variance de y vaut 10.

QCM 8 (suite du 7)

A) La moyenne du produit xy vaut 10.

B) La covariance de x et y vaut 2.

C) Le coefficient de corrélation vaut 2.

D) Le coefficient de corrélation vaut 2/460.

E) La corrélation est très faible : les variables sont donc quasiment indépendantes.

QCM 9

Soit la série classée suivante (proposée en cours) :

Classes	$[1,2[$	$[2,4[$	$[4,6[$	$[6,10]$
Effectifs	10	40	20	30

A) La moyenne vaut 5.

B) La moyenne vaut 4,75.

C) La médiane vaut 4.

D) La médiane vaut 5.

E) Toutes les propositions ci-dessus sont fausses.

QCM 10

A) La médiane de la série $1,1,1,3,4,5,7,9,9$ vaut 4.

B) La médiane de la série $1,1,1,1,3,4,5,7,9,9$ vaut 4.

C) La médiane de la série $1,1,1,3,4,5,7,9,9$ vaut 4,5.

D) La médiane de la série $1,1,1,1,3,4,5,7,9,9$ vaut 3,5.

E) La médiane de l'une des séries ci-dessus n'est pas calculable.

QCM 11

On considère une série statistique de 50 éléments négatifs dont on connaît les résultats suivants :

$$\sum_{i=1}^{50} x_i^2 = 400 \quad \textbf{et} \quad \sum_{i=1}^{50} (x_i - \overline{x})^2 = 200$$

A) L'écart-type de la série vaut 4.

B) La variance de la série vaut 8.

C) Le moment d'ordre 2 est égal à 8.

D) La moyenne de la série vaut -2.

E) Il manque des données pour calculer la moyenne de la série.

QCM 12

Les notes des 100 étudiants d'un amphi (on est en fin d'année) se répartissent de la façon suivante : les notes de 60 d'entre eux sont dans

l'intervalle $[8\,;\ 14[$ et celles de 10 d'entre eux dans l'intervalle $[14\,;\ 20]$. La médiane a pour valeur :

A) 9,33

B) 10,33

C) 10,67

D) 9

E) Autre réponse.

QCM 13

Parmi les propositions suivantes, lesquelles sont exactes ?

A) Si le coefficient de corrélation entre 2 variables statistiques est nul, les variables sont indépendantes.

B) Si le coefficient de corrélation entre 2 variables statistiques n'est pas nul, les variables ne sont pas indépendantes.

C) Si des variables sont indépendantes, leur coefficient de corrélation est nul.

D) La covariance de 2 variables aléatoires est comprise entre -1 et $+1$.

E) Une corrélation négative correspond à une faible corrélation.

QCM 14

Parmi les coefficients de corrélation ci-dessous, quel est celui correspondant aux variables le plus faiblement corrélées ?

A) $-0{,}9$

B) $-0{,}4$

C) $-0{,}3$

D) 0,2

E) 0,7

QCM 15

Soit la série suivante :
1,2,2,2,3,3,5,5,5,6,6,6,7,9,9,10.
La médiane de cette série vaut :

A) 5

B) 5,5

C) 4

D) 3,5

E) Autre réponse.

CORRIGÉS

QCM 1 D

La taille d'un individu :

A) est une variable qualitative ordinale.
FAUX : c'est une variable quantitative.

B) est une variable essentiellement qualitative.
FAUX : c'est une variable quantitative.

C) est une variable quantitative discrète.
FAUX : voir D.

D) est une variable quantitative continue.
VRAI : quantitatif car associée naturellement à une valeur numérique pouvant prendre n'importe quelle valeur dans un intervalle de R (correspondant à une taille !)

E) n'est pas une variable statistique.
FAUX : évidemment !

QCM 2 B

La couleur des cheveux

A) est une variable qualitative ordinale.
FAUX : elle est qualitative, mais ne peut évidemment faire l'objet d'un ordre.

B) est une variable essentiellement qualitative.
VRAI.

C) est une variable quantitative discrète.
FAUX : non quantitative.

D) est une variable quantitative continue.
FAUX : non quantitative.

E) n'est pas une variable statistique.
FAUX.

QCM 3 E

On considère une série de 4 valeurs d'une série statistique de fréquences respectives $\frac{1}{2}$, $\frac{1}{4}$, $\frac{1}{8}$ et a. Parmi les propositions suivantes, laquelle est exacte ?

A) la valeur de a est égale à $\frac{1}{16}$.
FAUX : voir E.

B) la valeur de a est égale à $\frac{1}{32}$.
FAUX : voir E.

C) la valeur de a est égale à $\frac{1}{4}$.
FAUX : voir E.

D) il manque des informations pour calculer a.
FAUX : voir E.

E) aucune des propositions ci-dessus.
VRAI : la seule valeur pour laquelle la somme des fréquences vaut 1 est égale à $\frac{1}{8}$ (vérification immédiate).

QCM 4 B,C

On considère la série statistique discrète$\{x_i\}$ suivante :
$\{1 , 2 , 2 , 3 , 3 , 6 , 6 , 6 , 7\}$.

On donne (les textes de concours évitent de plus en plus de calculs inutiles aux étudiants, mêmes s'ils sont simples) :

$$\sum_i x_i = 36 \quad \textbf{et} \quad \sum_i x_i^2 = 184$$

A) La moyenne de cette série est égale à 9.
FAUX : ce serait d'ailleurs absurde car la moyenne est comprise entre les valeurs extrêmes.

B) La moyenne de cette série est égale à 4.
VRAI : elle vaut effectivement $\frac{36}{9}$, où 9 est l'effectif total.

C) Le mode de la série est 6.
VRAI : c'est la valeur 6 qui correspond au plus grand effectif, soit 3.

D) La série n'a pas de mode.
FAUX : voir C.

E) La médiane de la série est égale à 6.
FAUX : au sens des définitions du cours (cas n impair), elle serait égale à 3. En effet, $\frac{n}{2} = 4,5$ dont la partie entière vaut 4. La médiane est donc égale à $x_5 = 3$. De toutes manières, la valeur 6 ne pouvait convenir, car elle a 5 valeurs inférieures, donc plus de la moitié de l'effectif total égal à 9.

QCM 5 D

La variance vaut environ (à 10% près) :

A) 20,5

FAUX : c'est le moment d'ordre 2, qui vaut $\frac{184}{9}$. Il faut encore lui retrancher le carré de la moyenne (erreur d'étourderie fréquente !)

B) 168

FAUX : c'est ce que l'on obtient si on oublie de diviser 184 par 9, et qu'on retranche le carré de la moyenne.

C) −12

FAUX : une variance n'est jamais négative.

D) 4,5

VRAI :

$$V(X) = \frac{184}{9} - 4^2 \simeq 20,5 - 16 = 4,5$$

E) Aucune des valeurs ci-dessus.

FAUX.

QCM 6 B,D

Soit la série à 2 variables suivante :

x	1	2	3	4	5
y	−2	−1	0	1	2

A) La moyenne de la variable x est égale à 15.

FAUX : diviser par 5.

B) La moyenne de la variable x est égale à 3.

VRAI : $\frac{\sum x_i}{n} = \frac{15}{5}$. On peut aussi remarquer que la série est symétrique par rapport à 3.

C) La médiane est supérieure à la moyenne.

FAUX : La série étant symétrique, la médiane est égale à la moyenne, soit M=3.

D) La médiane est égale à 3.

VRAI : on peut retrouver ce résultat par application du cours. Comme $\frac{n}{2} = \frac{5}{2} = 2,5$ n'est pas entier, sa partie entière vaut 2 et donc la médiane est $x_3 = 3$ (mais c'est inutilement compliqué !).

E) Le mode vaut 3.

FAUX : les effectifs étant tous égaux à 1, il n'y a pas de mode.

QCM 7 (suite du 6) A,B,E

A) La moyenne et la médiane de la variable y sont nulles.

VRAI : elles sont égales par symétrie de la série. De plus, la somme est nulle, et donc aussi la moyenne.

B) Le moment d'ordre 2 de x vaut 55.

VRAI : $1^2 + 2^2 + 3^2 + 4^2 + 5^2 = 55$.

C) Le moment d'ordre 2 de y vaut 0.
FAUX : il vaut $(-2)^2 + (-1)^2 + 0^2 + 1^2 + 2^2 = 10$.

D) La variance de x vaut 52.
FAUX : $55 - 3^2 = 55 - 9 = 46$**.**

E) La variance de y vaut 10.
VRAI : $10 - 0 = 10$.

QCM 8 (suite du 7) B

A) La moyenne du produit xy vaut 10.
FAUX : $\overline{xy} = \dfrac{1 \times (-2) + 2 \times (-1) + 3 \times 0 + 4 \times 1 + 5 \times 2}{5} = \dfrac{10}{5} = 2.$

B) La covariance de x et y vaut 2.
VRAI : cov$(x, y) = \overline{xy} - \bar{x}\bar{y} = 2 - 3 \times 0 = 2$

C) Le coefficient de corrélation vaut 2.
FAUX : c'est la covariance.

D) Le coefficient de corrélation vaut $\dfrac{2}{460}$.
FAUX : il faut diviser la covariance par le produit des écarts-types, et non par le produit des variances comme proposé. Le résultat est donc $\dfrac{2}{\sqrt{460}} < \dfrac{2}{20} = 0,1$ **(puisque** $20^2 = 400$**) et** $400 < 460$**.**

E) La corrélation est très faible ($< 0,1$) : les variables sont donc quasiment indépendantes.
FAUX : certes, la corrélation est très faible, mais on ne peut en tirer de conclusion absolue quant à l'indépendance.

QCM 9 B,C

Soit la série classée suivante (proposée en cours) :

Classes	$[1,2[$	$[2,4[$	$[4,6[$	$[6,10]$
Effectifs	10	40	20	30

A) La moyenne vaut 5.
FAUX : voir explications.

B) La moyenne vaut 4,75.
VRAI : voir explications.

C) La médiane vaut 4.
VRAI : cette valeur partage également l'effectif total (calcul non nécessaire).

D) La médiane vaut 5.
FAUX : voir C.

E) Toutes les propositions ci-dessus sont fausses.
FAUX.

Explications :

La moyenne se calcule en remplaçant les classes par leurs centres : on obtient alors la série "discrète" suivante :

Classes c	1,5	3	5	8
Effectifs n	10	40	20	30

La moyenne est donc égale à

$$\overline{x} = \frac{1}{n}\sum_{i=1}^{4} n_i x_i = \frac{1}{100}.\left[\,(10 \times 1,5) + (40 \times 3) + (20 \times 5) + (30 \times 8)\,\right]$$

soit

$$\overline{x} = \frac{15 + 120 + 100 + 240}{100} = \frac{475}{100} = 4,75$$

QCM 10 A,D

A) La médiane de la série $1\,,1\,,1\,,3\,,4\,,5\,,7\,,9\,,9$ vaut 4.
VRAI : c'est clairement la valeur qui partage la série en 2 parties de même effectif (4, en l'occurrence). On peut bien sûr le vérifier par la méthode systématique : $\frac{n}{2} = 9$, dont la partie entière est 4. La médiane est donc $x_5 = 4$.

B) La médiane de la série $1\,,1\,,1\,,1\,,3\,,4\,,5\,,7\,,9\,,9$ vaut 4.
FAUX : voir D.

C) La médiane de la série $1\,,1\,,1\,,3\,,4\,,5\,,7\,,9\,,9$ vaut 4,5.
FAUX : voir A.

D) La médiane de la série $1\,,1\,,1\,,1\,,3\,,4\,,5\,,7\,,9\,,9$ vaut 3,5.
VRAI : Ici, $i = \frac{n}{2} = 5$ qui est entier (n est pair). Donc, la médiane est $\frac{(x_5 + x_6)}{2} = \frac{3+4}{2} = 3,5$.

E) La médiane de l'une des séries ci-dessus n'est pas calculable.
FAUX.

QCM 11 C,D

On considère une série statistique de 50 éléments négatifs dont on connaît les résultats suivants :

$$\sum_{i=1}^{50} x_i^2 = 400 \quad \textbf{et} \quad \sum_{i=1}^{50} (x_i - \overline{x})^2 = 200$$

A) L'écart-type de la série vaut 4.
FAUX : la variance de la série est la moyenne des $(x_i - \overline{x})^2$. Elle vaut donc $\frac{200}{50} = 4$, et donc l'écart-type vaut $\sqrt{4} = 2$.

B) La variance de la série vaut 8.
FAUX : voir A.

C) Le moment d'ordre 2 est égal à 8.
VRAI : c'est la moyenne des x_i^2. Il vaut donc $\frac{400}{50}$.

D) La moyenne de la série vaut −2.
VRAI : on sait que la variance a aussi pour expression :

$$V(x) = \overline{x^2} - (\overline{x})^2.$$

On en déduit donc que

$$(\overline{x})^2 = \overline{x^2} - V(x) = 8 - 4 = 4$$

Et comme la moyenne est négative (tous les éléments le sont par hypothèse), la moyenne est égale à −2.

E) Il manque des données pour calculer la moyenne de la série.
FAUX : voir D.

QCM 12 A

Les notes des 100 étudiants d'un amphi (on est en fin d'année) se répartissent de la façon suivante : les notes de 60 d'entre eux sont dans l'intervalle $[8\ 14[$ **et celles de 10 d'entre eux dans l'intervalle** $[14\ 20]$**. La médiane a pour valeur :**

A) 9,33 **VRAI : voir explications.**
B) 10,33 **FAUX.**
C) 10,67 **FAUX.**
D) 9 **FAUX.**
E) Autre réponse. **FAUX**

Explications

Il reste 30 étudiants ayant une note inférieure à 8.
On peut donc dresser le tableau de la série classée correspondante :

Classes	$[0,8[$	$[8,14[$	$[14,20[$
Effectifs	30	60	10
Effectifs cumulés croissants	30	90	100

La médiane se trouve donc dans l'intervalle $[8,14]$ et elle est donnée par la formule du cours

$$\frac{Me - x_i}{x_{i+1} - x_i} = \frac{0,5 - f_{i-1}^c}{f_i}$$

qui, ici, prend la forme :

$$\frac{Me - 8}{14 - 8} = \frac{0,5 - 0,3}{0,9}$$

soit :

$$Me = 8 + \frac{6 \times 0,2}{0,9} = 8 + \frac{12}{9} = 8 + \frac{4}{3} \simeq 9,33$$

QCM 13 B,C

Parmi les propositions suivantes, lesquelles sont exactes ?

A) Si le coefficient de corrélation entre 2 variables statistiques est nul, les variables sont indépendantes.

FAUX : seule la réciproque de cette proposition est exacte (voir item C).

B) Si le coefficient de corrélation entre 2 variables statistiques n'est pas nul, les variables ne sont pas indépendantes.

VRAI : car si elles étaient indépendantes, ce coefficient serait nul.

C) Si des variables sont indépendantes, leur coefficient de corrélation est nul.

VRAI.

D) La covariance de 2 variables aléatoires est comprise entre -1 et $+1$.

FAUX : ne pas confondre avec le coefficient de corrélation.

E) Une corrélation négative correspond à une faible corrélation.

FAUX : cela signifie seulement que les 2 variables varient en sens inverse (mais dont la corrélation peut être forte).

QCM 14 D

Parmi les coefficients de corrélation ci-dessous, quel est celui correspondant aux variables le plus faiblement corrélées ?

A) −0,9

FAUX.

B) −0,4

FAUX.

C) −0,3

FAUX.

D) 0,2

VRAI : il faut choisir le nombre correspondant à la plus petite valeur absolue.

E) 0,7

FAUX.

QCM 15 A

Soit la série suivante :
1,2,2,2,3,3,5,5,6,6,6,7,9,9,10.
La médiane de cette série vaut :

A) 5 **VRAI : voir explications.**

B) 5,5 **FAUX.**

C) 4 **FAUX.**

D) 3,5 **FAUX.**

E) autre réponse. **FAUX.**

Explications

$$\frac{n}{2} = \frac{15}{2} = 7,5$$

Donc,

$$n_1 + n_2 + n_3 = 1 + 3 + 2 = 6 < \frac{n}{2} < n_1 + n_2 + n_3 + n_4 = 1 + 3 + 2 + 2 = 8$$

et donc,

$$Me = x_4 = 5$$

Chapitre 6

Estimation

COURS

6.1 Estimation ponctuelle

Conformément aux conventions usuelles, les paramètres de la population mère seront écrits avec des lettres grecques (μ, σ, π...) et ceux des échantillons seront représentés par des lettres latines (m, s, p ...).

6.1.1 Position du problème

1. **Exemple 1**

   Les services de santé souhaitent connaître la glycémie (taux de glucose dans le sang) moyenne des Français.

   Cette glycémie moyenne, notée μ, ainsi que la variance σ_P^2 (P comme population) de la variable "glycémie" sont inconnues (au moins rigoureusement).

   Comme il n'est évidemment pas question d'organiser une campagne d'analyses sanguines pour 65 millions d'individus, ces services vont choisir un échantillon présumé **représentatif** de la population (souvent de l'ordre du millier). Nous détaillerons plus loin cette notion plus précisément, mais signalons tout de suite qu'un tel échantillon ne devra pas favoriser le choix de certains individus par rapport à d'autres (on dirait alors que l'on a introduit un **biais**, ou que la statistique est **biaisée**).

   En clair, il faut par exemple s'assurer :

   (a) qu'il y a autant d'hommes que de femmes,

   (b) que la répartition des tranches d'âge de l'échantillon correspond à celle de la population,

(c) que les régions sont équitablement représentées (on mange moins sucré dans le Sud de la France que dans le Nord),

(d) qu'à l'intérieur des sous-échantillons définis ci-dessus, les individus ont été choisis au hasard (éviter de les choisir dans un centre pour diabétiques!) : c'est la **randomisation.**

(e) etc.

La glycémie X de chacun des individus est déterminée. Comme elle varie bien sûr d'un sujet à l'autre, c'est une **variable statistique**.

Cette variable est **quantitative**, puisque c'est naturellement une valeur numérique (et continue) possédant, dans l'échantillon, une moyenne $\overline{X} = m$ et une variance s_E^2 (E comme échantillon).

À partir de ces résultats de l'échantillon, on cherche à évaluer μ et σ_P^2, à les **estimer**. Le but du jeu est de trouver une estimation qui soit la moins risquée possible, c'est-à-dire celle qui, **statistiquement** donnera les résultats les plus proches de la réalité.

2. **Exemple 2**

Un candidat à l'élection présidentielle de son pays souhaite connaître les intentions de vote des électeurs en ce qui le concerne.

La proportion π des votes favorables est inconnue (jusqu'au jour des élections!).

Comme on ne peut interroger toute la population, il charge un institut de sondage d'évaluer π. L'institut va choisir un échantillon représentatif de la population, i.e :

(a) qu'il y a autant d'hommes que de femmes,

(b) que la répartition des tranches d'âge de l'échantillon correspond à celle de la population,

(c) que les milieux sociaux-professionnels sont représentés au prorata de leur représentation nationale (si l'échantillon n'est composé que d'ouvriers, le résultat risque d'être fort différent de celui obtenu avec un ensemble de "notables" : médecins, notaires, etc.)

(d) qu'à l'intérieur des sous-échantillons définis ci-dessus, les individus ont été choisis au hasard (**randomisation),**

(e) etc.

La réponse de chaque individu est une **variable statistique**.

Mais ici, elle est **qualitative** binaire (oui ou non), et l'échantillon nous fournira donc une fréquence f des "oui" qui va nous permettre d'estimer π.

Nous reviendrons sur ces notions de randomisation dans le cours sur l'épidémiologie.

6.1.2 Estimateurs

Il existe des fonctions de variables aléatoires qui permettent d'aboutir aux "meilleures" estimations (c'est-à-dire les plus proches de la réalité présumée). Ces fonctions sont appelées **estimateurs**. Pour un même paramètre à estimer (par exemple la variance), on peut en général déterminer plusieurs estimateurs.

Nous ne développons pas cette théorie (faisant intervenir les notions de biais et de risque quadratique moyen), car elle ne l'est qu'exceptionnellement dans certaines universités, où elle complique d'ailleurs très inutilement la vie des étudiants, et fait intervenir des outils mathématiques un peu abstraits et hors de propos dans ce cours.

Nous nous contenterons donc, et c'est bien suffisant, d'en admettre les conclusions.

6.1.3 Les résultats

Schématisons tout cela par un dessin (les valeurs entre parenthèses correspondent au cas d'une variable qualitative).

FIG. 6.1 – On extrait de la population un échantillon de taille n (contenant n éléments).

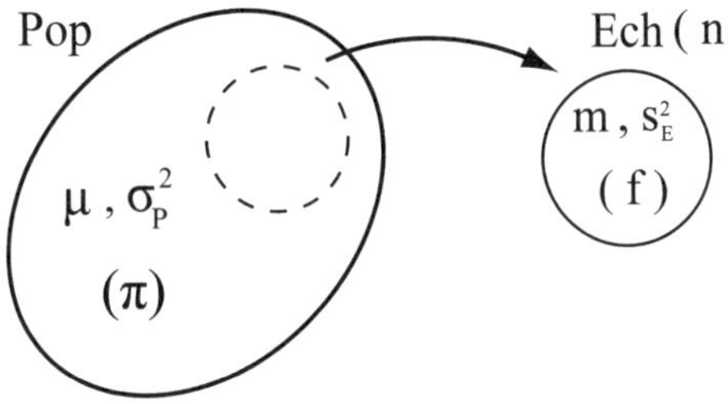

Les paramètres de la population, μ (respectivement π, dans le cas d'une proportion) et σ_P^2 sont inconnus et sont estimés à partir des paramètres de l'échantillon, soit m (respectivement f pour une fréquence observée) et s_E^2. On démontre (grâce à la théorie des estimateurs) que :

1. la meilleure estimation $\hat{\mu}$ de μ est m et dans le cas d'une proportion, la meilleure estimation $\hat{\pi}$ de π est f (on remarquera que les estimations sont représentées avec un "chapeau" au-dessus de la grandeur à estimer)
2. la meilleure estimation de la variance de la population **n'est pas la variance de l'échantillon (piège !)**. Cette estimation, couramment notée s² est donnée par

$$\boxed{\hat{\sigma_P^2} = s^2 = \frac{n}{n-1} s_E^2} \tag{6.1}$$

6.2 Estimation par intervalle de confiance

6.2.1 Intérêt

Revenons à notre candidat aux élections présidentielles. L'institut de sondage auquel il a fait appel a trouvé dans son échantillon une proportion f de votes favorables égale à 51% : d'après les résultats du paragraphe précédent, il estimera que le pourcentage π des votes favorables dans la population totale le plus probable est également 51% (estimation ponctuelle).

Mais probable ne signifie pas certain, et ce pourcentage n'est pas rassurant (il pourrait dans la réalité passer au-dessous de 50%). Le candidat va donc en demander un peu plus (à l'aide du même échantillon). Il aimerait par exemple qu'on lui dise, qu'avec une probabilité de 95%, le pourcentage de votants sera compris entre 50% et 52%, ce qui est tout de même plus satisfaisant (même s'il reste 5% de marge d'erreur) : c'est ce qu'on appelle un intervalle de confiance au risque 0,05, ou de niveau (de confiance) 0,95.

Cette "fourchette" lui assurerait qu'il n'a que 5% de "chances" de ne pas être élu).

Pour comprendre comment on établit de telles "fourchettes", nous allons nous servir du théorème ci-dessous (dont la connaissance et la compréhension sont indispensables).

6.2.2 Le théorème central limite (TCL)

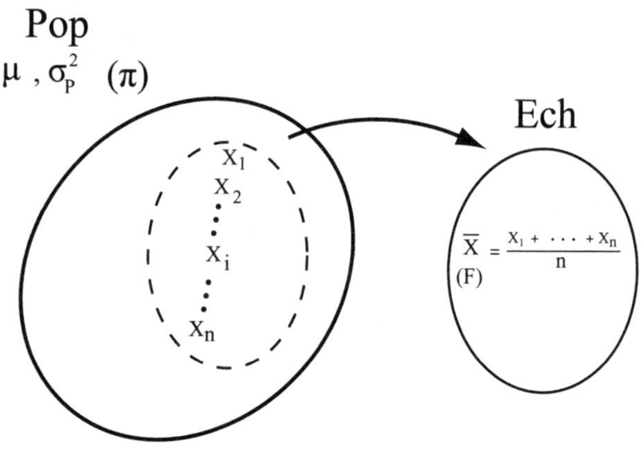

FIG. 6.2 – La variable X_i est quantitative. Dans ce théorème, les paramètres μ et σ (ainsi que π) sont *a priori* connus.

1. **X_i est une variable quantitative**

   C'est donc une valeur numérique "naturelle" variable, possédant une moyenne μ et une variance σ^2. On extrait un échantillon de taille n dont on calcule la moyenne des variables choisies X_i de l'échantillon[1]

$$\overline{X} = \frac{1}{n}\sum_{i=1}^{n} X_i$$

   Dans l'échantillon choisi, on a

$$X_1 = x_1, X_2 = x_2, ..., X_i = x_i, ..., X_n = x_n$$

   On dit que $(x_1, x_2, ..., x_i, ..., x_n)$ est la **réalisation** dans l'échantillon de $(X_1, X_2, ..., X_i, ..., X_n$.

[1]Les notations peuvent sembler un peu lourdes au lecteur : les variables X_i sont aléatoires et prennent les valeurs x_i, qui sont des **réalisations des variables** X_i.

Il en résulte que

$$m_1 = \frac{1}{n}\sum_{i=1}^{n} x_i \quad \text{est la réalisation dans l'échantillon de } \overline{X}.$$

D'autres échantillons auraient donné des moyennes m_2, m_3,... m_i ...un peu différentes (c'est ce que l'on appelle les **fluctuations d'échantillonnage**). La moyenne $\overline{X}$ est donc elle-même une variable aléatoire, tout comme X.

Énoncé du théorème :

Si n est assez grand (n $\geq$ 30), la variable $\overline{X}$ suit **approximativement** (mathématiquement, on parle de **convergence en loi**) la loi normale
$\text{N}\left(\mu\,;\,\frac{\sigma^2}{n}\right)$.
Cette convergence est réalisée, quelle que soit la nature de la variable X (gaussienne ou non) dès que $n \geq 30$.

Résumons :

$$\boxed{n \geq 30 \quad \Rightarrow \quad \overline{X} \to N(\mu\,;\frac{\sigma^2}{n})}$$

quelle que soit la nature des variables X_i (gaussiennes ou non), **supposées indépendantes**.

2. **2ème cas : X_i est une variable qualitative**

(entre parenthèses sur la figure)

On procède de la façon suivante : supposons par exemple que l'on s'intéresse au caractère hémophile ou non des individus d'une population. Soit π la proportion (connue) des hémophiles de la population. On sélectionne alors un échantillon de taille n (n individus). À chaque individu i de l'échantillon, on associe la valeur $X_i = 1$ pour un sujet atteint (hémophile) et la valeur $X_i = 0$ pour un sujet non atteint. Dans ces conditions,

$$F = \frac{\sum_{i=1}^{n} X_i}{n}$$

représente la proportion (fréquence), aléatoire comme l'échantillon, d'hémophiles de l'échantillon. Le TCL démontre alors que, sous réserve que n$\pi \geq$ 5, la variable F converge en loi vers une loi normale. Plus précisément,

$$\boxed{np \geq 5 \quad \Rightarrow \quad F \to N\left[\pi\ ;\ \sqrt{\frac{\pi(1-\pi)}{n}}\right]}$$

Attention : la condition de validité est bien n$\pi \geq$ 5 et non nf $\geq$ 5 (où f est la réalisation de F sur l'échantillon choisi).

Nous allons utiliser le théorème central limite pour établir les estimations par intervalles de confiance.

6.2.3 Estimation d'une moyenne théorique par intervalle de confiance

On considère une population dont on étudie un caractère quantitatif de moyenne μ, **inconnue**, contrairement aux hypothèses du TCL.

On extrait de cette population un échantillon de taille n. Soit m la valeur de

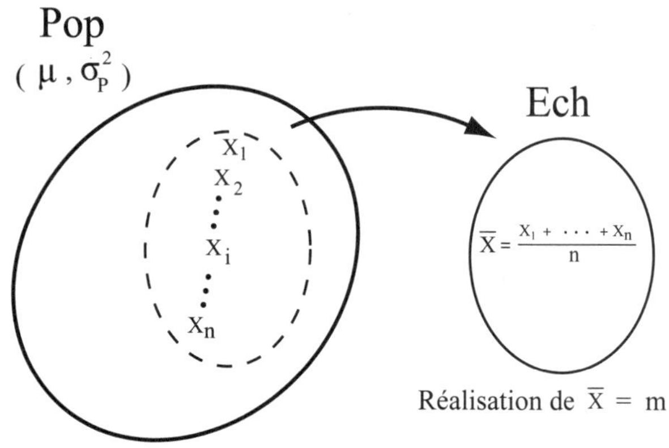

FIG. 6.3 – La variable X_i est quantitative (glycémie, taux de cholestérol etc.). La moyenne μ et l'écart-type σ_P de la population sont inconnus.

$\overline{X}$ obtenue par l'échantillon (on parle de sa réalisation)

2 cas se présentent :

1. $\boxed{n \geq 30}$

   D'après le TCL, $\overline{X}$ suit approximativement la loi

$$N\left[\mu\ ;\ \frac{\sigma^2}{n}\right]$$

   Donc, la variable centrée réduite

$$Z = \frac{\overline{X} - \mu}{\dfrac{\sigma}{\sqrt{n}}}$$

   obéit à la loi N(0,1).

   Par conséquent, si Z_α est la valeur critique associée à la valeur α donnée par la loi normale N(0,1), on a :

$$\text{Prob}\left[\ -Z_\alpha < Z < +Z_\alpha\right] = 1 - \alpha$$

   (par exemple, pour $\alpha = 0{,}05$, $Z_\alpha = 1,96$). Et donc,

$$\text{Prob}\left[\ -Z_\alpha < \frac{\overline{X} - \mu}{\dfrac{\sigma}{\sqrt{n}}} < +Z_\alpha\right] = 1 - \alpha$$

ou

$$\text{Prob}\left[\overline{X} - Z_\alpha \frac{\sigma}{\sqrt{n}} < \mu < \overline{X} + Z_\alpha \frac{\sigma}{\sqrt{n}},\right] = 1 - \alpha$$

(autrement dit, la probabilité que μ se trouve à l'extérieur de cet intervalle est égale à α).

L'intervalle :

$$\text{IC}_{1-\alpha} = \left[\overline{X} - Z_\alpha \frac{\sigma}{\sqrt{n}} \; ; \; \overline{X} + Z_\alpha \frac{\sigma}{\sqrt{n}},\right]$$

est l'intervalle de confiance de μ de niveau (de confiance) $(1-\alpha)$.

Mais comme on ne connaît pas σ, on le remplacera par son estimation s et $\overline{X}$ qui est aléatoire par sa réalisation m dans l'échantillon choisi. Dans ces conditions, l'intervalle de confiance de niveau $(1 - \alpha)$ est l'intervalle :

$$\boxed{\text{IC}_{1-\alpha} = \left[m - Z_\alpha \frac{s}{\sqrt{n}} \; ; \; m + Z_\alpha \frac{s}{\sqrt{n}},\right]} \tag{6.2}$$

Bien que nous en conseillions la lecture (et bien sûr la compréhension), on peut ignorer la démonstration pour ne retenir que le résultat encadré qu'on appliquera mécaniquement (à condition de bien en maîtriser tous les paramètres).

Les résultats qui suivent maintenant sont donnés sans démonstration.

2. $\boxed{n < 30}$: **il faut alors supposer en plus que la variable X est normale.**

Dans ce cas, l'intervalle de confiance de niveau $(1 - \alpha)$ de μ est donné par :

$$\boxed{\text{IC}_{1-\alpha} = \left[m - t_\alpha^{n-1} \frac{\sigma}{\sqrt{n}} \; ; \; m + t_\alpha^{n-1} \frac{\sigma}{\sqrt{n}}\right]} \tag{6.3}$$

où t_α^{n-1} est la valeur critique (donnée par les tables) au risque α de la **loi t de Student à** $\nu = (n-1)$ **degrés de liberté (ddl).**

Par exemple, pour un échantillon de 15 individus, la table nous donne, pour $\alpha = 0{,}05$ la valeur $t_{0,05}^{14} = 2{,}15$.

6.2.4 Estimation d'une proportion théorique par intervalle de confiance

On considère une population dont on étudie une variable qualitative : la variable qualitative est supposée binaire, c'est-à-dire ne présente que 2 modalités.

Par exemple, on s'intéresse à la proportion p des diabétiques dans la population : cette proportion n'est pas connue, et il faudra l'estimer à partir d'un échantillon convenablement choisi dans lequel cette proportion est égale à la fréquence f.

D'après le TCL, la variable F converge vers la loi normale $N\left(\pi \; ; \; \frac{\pi(1-\pi)}{n}\right)$, sous réserve que l'on ait $n\pi \geq 5$ (convergnce en loi).

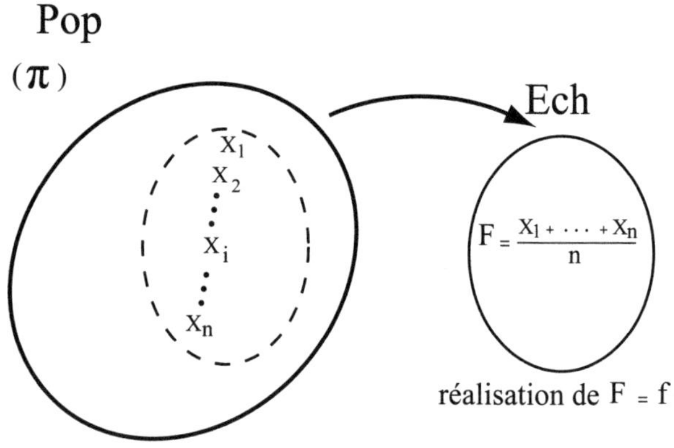

FIG. 6.4 – La variable X_i est binaire et prend les valeurs 1 ou 0, correspondant à une valeur qualitative (individu porteur ou non d'une tare génétique...). La proportion π est inconnue.

Dans ces conditions (raisonnement analogue à celui d'une variable quantitative), l'intervalle de confiance de niveau $(1 - \alpha)$ de la proportion inconnue (à estimer) π est donné par

$$\boxed{\mathrm{IC}_{1-\alpha} = \left[f - u_\alpha \sqrt{\frac{f(1-f)}{n}} \ ; \ f + u_\alpha \sqrt{\frac{f(1-f)}{n}} \right]} \qquad (6.4)$$

où u_α est la valeur critique donnée par la loi normale N(0,1) correspondant au risque α (table de l'écart réduit) sous réserve de la condition de validité

$$\boxed{nf_{min} = n \left[f - u_\alpha \sqrt{\frac{f(1-f)}{n}} \right] \geq 5} \qquad (6.5)$$

qui entraîne *a fortiori* la condition $n\pi \geq 5$: en effet, il ne faut pas oublier que π est inconnu et que l'on a, au risque 2,5% :

$$\pi \geq f - u_\alpha \sqrt{\frac{f(1-f)}{n}}$$

EXERCICES

6.3 Questions à choix multiples

QCM 1

On mesure la glycémie X de 50 Français pris au hasard dans la population. On obtient les résultats suivants (x_i est la réalisation de la variable X_i, et m la moyenne de X dans l'échantillon) :

$$\sum_{i=1}^{50} x_i = 50\, g.L^{-1} \quad \text{et} \quad \sum_{i=1}^{50} (x_i - m)^2 = 1,96\, g^2.L^{-2}$$

A) La meilleure estimation de la glycémie moyenne dans la population est égale à $50\, g.L^{-1}$.

B) La meilleure estimation de la glycémie moyenne dans la population est égale à $1\, g.L^{-1}$.

C) La meilleure estimation de la variance de la glycémie dans la population est **rigoureusement** égale à 0,0392.

D) La meilleure estimation de l'écart-type de la glycémie dans la population est **rigoureusement** égale à 0,2.

E) La meilleure estimation de la variance de la glycémie moyenne dans la population est égale à $8.10^{-4}\, g^2.L^{-2}$.

QCM 2 (suite du QCM 1)

On reprend les données du QCM précédent : un intervalle de confiance de la glycémie de la population de niveau 0,95 (risque 0,05 de se tromper) est donné par (en notant σ l'écart type de la glycémie dans la population :

A) $[m - 1,96\, \frac{\sigma}{\sqrt{n}}\, ;\, m + 1,96\, \frac{\sigma}{\sqrt{n}}]$

B) $[m - 1,96\, \frac{\sigma}{n}\, ;\, m + 1,96\, \frac{\sigma}{n}]$

C) $[m - 1,96 \frac{s}{\sqrt{n}}\, ;\, m + 1,96 \frac{s}{\sqrt{n}}]$

D) Approximativement $[0,84\, ;\, 1,16]$

E) $[m - 1,96 \frac{s}{\sqrt{n-1}}\, ;\, m + 1,96 \frac{s}{\sqrt{n-1}}]$

QCM 3

Concernant les estimations

A) La meilleure estimation de la moyenne de la population est la moyenne de l'échantillon divisée par l'effectif de l'échantillon.

B) La meilleure estimation de la moyenne de la population est la moyenne de l'échantillon divisée par l'effectif de l'échantillon moins 1.

C) La meilleure estimation de la moyenne de la population est la moyenne de l'échantillon.

D) La moyenne des moyennes de tous les échantillons extraits de la population est égale à la moyenne de la population.

E) La moyenne d'un échantillon est une variable aléatoire.

QCM 4

Sur 100 jeunes choisis au hasard dans la population des jeunes de 17 à 26 ans (population notée PJ), on a observé que la moitié était constituée de fumeurs (dans la réalité, ce chiffre serait probablement bien supérieur).

A) On peut estimer qu'il y a 50% de fumeurs dans PJ.

B) L'intervalle de confiance de niveau 0,95 (ou à 95%) de la proportion de fumeurs dans PJ est [0,45 ; 0,55].

C) L'intervalle de confiance de niveau 0,95 (ou à 95%) de la proportion de fumeurs dans PJ est [0,3 ; 0,7].

D) L'intervalle de confiance de niveau 0,95 (ou à 95%) de la proportion de fumeurs dans PJ est [0,4 ; 0,6].

E) Il manque des données pour déterminer cet intervalle de confiance.

QCM 5

Afin de contrôler la quantité de principe actif (notée X) dans des comprimés, un laboratoire prélève un échantillon de 100 comprimés pris au hasard. On suppose que la variable X est normale, que sa moyenne est égale à 2 (unité non précisée) et que sa variance vaut 0,01.

A) L'écart-type vaut 0,1 et s'exprime dans la même unité que X.

B) La probabilité que $X \in [1,8 \;;\; 2,2]$ vaut 0,95.

C) La probabilité que la quantité de principe actif appartienne à l'intervalle $[1,98 \;;\; 2,02]$ est égale à 0,95.

D) La probabilité que la quantité moyenne de principe actif dans l'échantillon appartienne à l'intervalle $[1,98 \;;\; 2,02]$ est égale à 0,95.

E) Il faut estimer l'écart-type de la population par $0,1\sqrt{\frac{100}{99}}$.

QCM 6

La variable X d'une population obéit à une loi normale $N(\mu, \sigma^2)$. De cette population, on extrait un échantillon $\{X_1, X_2, ...X_{12}\}$.

La valeur limite u_α intervenant dans l'intervalle de confiance dépend de la loi :

A) $N(0,1)$

B) $N(m, \sigma^2)$

C) T(13 ddl)

D) T(12 ddl)

E) T(11 ddl)

QCM 7 (suite du QCM 6)

Avec les mêmes données que celles du QCM précédent, la meilleure estimation de σ^2 est (en posant $m = \frac{1}{12}(x_1 + x_2 + ... + x_{12})$

A) $\frac{1}{12}\sum_{i=1}^{12}(x_i - m)^2$

B) $\frac{1}{11}\sum_{i=1}^{12}(x_i - \overline{X^2})$

C) $\frac{1}{12}\sum_{i=1}^{11}(x_i - m^2)$

D) $\frac{1}{11}\sum_{i=1}^{12}(x_i - m)^2$

E) $\frac{1}{11}\sum_{i=1}^{11}(x_i - m)^2$

QCM 8

Sur un échantillon de 9 étudiants, on a noté les résultats suivants :

$$\overline{X} = 180\,\mathbf{cm} \quad \textbf{et} \quad s_E^2 = 8\,\mathbf{cm}^2$$

où s_E^2 est la variance de l'échantillon.

A) L'écart-type estimé de la population est 9.

B) L'écart-type estimé de la population vaut $s = 3$.

C) L'intervalle de confiance au risque 0,05 est

$$IC_{0,95} = \left[180 - 1,96 \ ; \ 180 + 1,96\right]$$

D) L'intervalle de confiance au risque 0,05 est

$$IC_{0,95} = \left[180 - 2,31 \times 3 \ ; \ 180 + 2,31 \times 3\right]$$

E) L'intervalle de confiance au risque 0,05 est

$$IC_{0,95} = \left[177,69 \ ; \ 182,31\right]$$

QCM 9

On veut estimer le taux de cholestérol d'une population à partir des données d'un échantillon randomisé de 20 sujets :

A) C'est impossible car le nombre de sujets est inférieur à 30.

B) On ne pourra faire une estimation ponctuelle de ce taux que si c'est une variable gaussienne.

C) On ne pourra construire un intervalle de confiance que si la variable "taux de cholestérol" est normale.

D) Un intervalle de confiance fera intervenir la loi normale centrée réduite.

E) Un intervalle de confiance fera intervenir la loi de Student à 20 ddl.

QCM 10 (comparable au QCM 5)

Un laboratoire d'analyse fabrique des comprimés contenant chacun une masse de principe actif qui obéit à une loi normale de moyenne 1g et de variance 0,01g^2. On extrait un échantillon de 64 comprimés : on trouve une moyenne m de principe actif dans cet échantillon légèrement différente de la valeur théorique.

A) Pour les calculs d'encadrement, il faudra remplacer la variance théorique par la variance estimée s.

B) On sera amené à effectuer une estimation ponctuelle de la moyenne de la population.

C) Il faudra d'utiliser la loi normale N(0,1) pour faire une estimation par intervalle de confiance.

D) Il faudra d'utiliser la loi t de Student à 63 ddl pour faire une estimation par intervalle de confiance.

E) Toutes les propositions ci-dessus sont fausses.

QCM 11 (suite du 10)

Concernant l'échantillon de 64 pièces

A) La probabilité que la moyenne théorique de cet échantillon soit comprise entre −1,96 et +1,96 est égale à 0,95.

B) La probabilité que la moyenne observée de cet échantillon soit comprise entre -1,64 et +1,64 est égale à 0,90.

C) La probabilité que la moyenne de principe actif dans les comprimés de l'échantillon soit comprise entre −1,96 et +1,96 est égale à 0,95.

D) La probabilité que la moyenne de principe actif dans les comprimés de l'échantillon soit comprise entre −0,975 et +1,025 est égale à 0,95.

E) La probabilité que la masse de principe actif d'un comprimé soit comprise entre −1,8 et +1,2 est égale à 0,95.

QCM 12 suite et fin du 10

Quelle(s) est (sont) la (les) proposition(s) exacte(s) ?

A) On n'a pu appliquer le TCL que parce que la masse X de principe actif était supposée gaussienne.

B) Si l'on avait pris un échantillon de 25 comprimés, il aurait fallu faire des hypothèses supplémentaires sur la masse de principe actif pour affirmer que la moyenne observée obéit (approximativement) à une loi normale.

C) Si l'on avait pris un échantillon de 25 comprimés, il aurait fallu faire des hypothèses supplémentaire sur la masse de principe actif pour affirmer que la moyenne observée obéit (approximativement) à une loi de Student.

D) la moyenne d'un échantillon de 25 comprimés obéit approximativement à une loi t de Student à 24 ddl.

E) la moyenne d'un échantillon de 25 comprimés obéit approximativement à une loi t de Student à 25 ddl.

QCM 13

Pour connaître la proportion π de diabétiques en France (glycémie supérieure à 1,26 g.L^{-1}, chiffre officiel), on choisit au hasard un échantillon de 25 individus (échantillon supposé représentatif de la population. on constate que 10 d'entre eux sont diabétiques (chiffres heureusement TRÈS fantaisistes.)

A) La fréquence f observée des diabétiques est 0,4.

B) La proportion théorique estimée dans la population est 0,4.

C) π =0,4.

D) Il faut envisager des hypothèses supplémentaires car n=25 < 30.

E) On ne pourra *a priori* pas estimer π par intervalle de confiance.

QCM 14 (suite du QCM 13)

On veut construire un intervalle de confiance de niveau 95% pour la proportion π. On prendra 1,96 $\simeq$ 2.

A) On peut appliquer la formule du cours car 25.0,4=10 > 5.

B) On ne peut appliquer la formule du cours.

C) L'intervalle de confiance cherché est l'intervalle [0,3 ; 0,5].

D) L'intervalle de confiance cherché est l'intervalle [0,2 ; 0,6].

E) On ne peut trouver un tel intervalle de confiance car il manque des données.

QCM 15

Pour en finir avec l'estimation ponctuelle

A) Elle concerne la moyenne (ou la fréquence) observée.

B) L'estimation de la moyenne de la population est la moyenne de l'échantillon.

C) L'estimation de la moyenne de l'échantillon est la moyenne observée.

D) L'estimation de la variance théorique de la variable quantitative est la variance observée.

E) L'estimation de la variance de la distribution des moyennes est égal à la variance de l'échantillon divisée par l'effectif n de l'échantillon.

CORRIGÉS

QCM 1 B,D,E

On mesure la glycémie X de 50 Français pris au hasard dans la population. On obtient les résultats suivants (x_i est la réalisation de la variable X_i, et $\overline{x}$ la moyenne de X dans l'échantillon) :

$$\sum_{i=1}^{50} x_i = 50\, g.L^{-1} \quad \text{et} \quad \sum_{i=1}^{50} (x_i - \overline{x})^2 = 1,96\, g^2.L^{-2}$$

A) La meilleure estimation de la glycémie moyenne dans la population est égale à $50\, g.L^{-1}$. **FAUX.**

B) La meilleure estimation de la glycémie moyenne dans la population est égale à $1\, g.L^{-1}$. **VRAI.**

C) La meilleure estimation de la variance de la glycémie dans la population est **rigoureusement** égale à 0,0392. **FAUX.**

D) La meilleure estimation de l'écart-type de la glycémie dans la population est **rigoureusement** égale à 0,2. **VRAI.**

E) La meilleure estimation de la variance de la glycémie moyenne dans la population est égale à $8.10^{-4}\, g^2.L^{-2}$. **VRAI.**

Explications

1. La meilleure estimation $\hat{\mu}$ de la glycémie moyenne de la population est la glycémie moyenne de l'échantillon, i.e :

$$\hat{\mu} = m = \frac{1}{50} \sum_{i=1}^{50} x_i = \frac{50}{50} = 1\, g.L^{-1}$$

L'item A est donc faux et l'item B est exact.

2. La meilleure estimation $\hat{\sigma^2}$ de la variance (autour de la moyenne) de la glycémie de la population est la variance de l'échantillon s_E^2 multipliée par $\frac{n}{n-1}$, i.e

$$\hat{\sigma^2} = \frac{n}{n-1} s_E^2 = \frac{1}{49} \sum_{i=1}^{50} (x_i - m)^2 = \frac{1,96}{49} = 0,04\ g^2.L^{-2}$$

Remarque : $\hat{\sigma^2}$ est souvent noté s^2.

L'item C est donc faux (cette valeur est obtenue en divisant par 50, c'est-à-dire en prenant la variance de l'échantillon pour estimation de la variance de la population, ce qui n'est pas **rigoureusement** exact , même si la différence est faible).

Le calcul correct conduit donc à la valeur 0,04 (cf. ci-dessus), soit un écart-type égal à :

$$\sigma = \sqrt{0,04} = \sqrt{4.10^{-2}} = 2.10^{-1} = 0,2\,g.L^{-1}$$

L'item D est donc exact (nous conseillons aux étudiants d'éviter les calculs avec des "virgules", et de les remplacer par des puissances négatives, ce qui diminue le risque d'erreurs).

3. Comme l'effectif de l'échantillon est supérieur à 30, le théorème central limite s'applique, et la moyenne $\overline{X}$ d'un échantillon est donc une variable aléatoire quasi normale, de variance

$$V(\overline{X}) = \frac{\sigma^2}{n} \simeq \frac{s^2}{n} = \frac{0,04}{50} = \frac{8.10^{-2}}{100} = 8.10^{-4}$$

L'item E est donc exact.

QCM 2 (suite du QCM 1) C,D

On reprend les données du QCM précédent : un intervalle de confiance de la glycémie de la population de niveau 0,95 (risque 0,05 de se tromper) est donné par (en notant σ l'écart type de la glycémie dans la population :

A) $[m-1,96\frac{\sigma}{\sqrt{n}}\,;\, m+1,96\frac{\sigma}{\sqrt{n}}]$ **FAUX : l'intervalle de confiance doit être connu, et ne doit donc pas faire apparaître des valeurs inconnues comme l'écart-type σ de la population : c'est son estimation s qui doit remplacer σ. Le reste est correct.**

B) $[m-1,96\frac{\sigma}{n}\,;\, m+1,96\frac{\sigma}{n}]$

FAUX : il faut diviser par $\sqrt{n}$ et non par n.

C) $[m-1,96\frac{s}{\sqrt{n}}\,;\, m+1,96\frac{s}{\sqrt{n}}]$ **VRAI : voir A.**

D) Approximativement $[0,84\,;\, 1,16]$ **VRAI. D'une part, on a vu dans le QCM précédent que la meilleure estimation de la moyenne était $m = 1$, d'autre part :** $1,96\frac{s}{\sqrt{n}} \simeq 2\frac{0,2}{\sqrt{50}} = 2\frac{0,8}{\sqrt{100}} = \frac{1,6}{10} = 0,16$ **D'où le résultat.**

E) $[m-1,96\frac{s}{\sqrt{n-1}}\,;\, m+1,96\frac{s}{\sqrt{n-1}}]$ **FAUX : voir C.**

QCM 3 C,D,E

Concernant les estimations

A) La meilleure estimation de la moyenne de la population est la moyenne de l'échantillon divisée par l'effectif de l'échantillon.

FAUX : voir C.

B) La meilleure estimation de la moyenne de la population est la moyenne de l'échantillon divisée par l'effectif de l'échantillon moins 1.

FAUX : voir C.

C) La meilleure estimation de la moyenne de la population est la moyenne de l'échantillon.

VRAI : voir cours.

D) La moyenne des moyennes de tous les échantillons extraits de la population est égale à la moyenne de la population.

VRAI : voir cours.

E) La moyenne d'un échantillon est une variable aléatoire.

VRAI : puisque sa réalisation (sa valeur sur l'échantillon choisi) dépend de l'échantillon.

Remarque : le fait de devoir diviser ou multiplier par n ou $(n-1)$ concerne la variance et non la moyenne.

QCM 4 A,D

Sur 100 jeunes choisis au hasard dans la population des jeunes de 17 à 26 ans (population notée PJ), on a observé que la moitié était constituée de fumeurs (nous espérons que ce chiffre est surévalué par rapport à la réalité).

A) On peut estimer qu'il y a 50% de fumeurs dans PJ.

VRAI : la fréquence f trouvée dans l'échantillon de 100 individus est la meilleure estimation de la proportion π dans la PJ.

B) L'intervalle de confiance de niveau 0,95 (ou à 95%) de la proportion de fumeurs dans PJ est [0,45 ; 0,55].

FAUX : voir D.

C) L'intervalle de confiance de niveau 0,95 (ou à 95%) de la proportion de fumeurs dans PJ est [0,3 ; 0,7].

FAUX : voir D.

D) L'intervalle de confiance de niveau 0,95 (ou à 95%) de la proportion de fumeurs dans PJ est [0,4 ; 0,6].

VRAI : voir explications ci-dessous.

E) Il manque des données pour déterminer cet intervalle de confiance.

FAUX.

Rappel cours et explications

L'intervalle de confiance de niveau $(1-\alpha)$ de la proportion théorique π est l'intervalle (obtenu à partir d'un échantillon de taille n où la fréquence observée est f)

$$IC_{1-\alpha} = \left[f - u_\alpha \sqrt{\frac{f(1-f)}{n}} \quad f + u_\alpha \sqrt{\frac{f(1-f)}{n}} \right]$$

Dans le cas présent, $n = 100$, $\alpha = 0,05$ (donc $u_\alpha = 1,96 \simeq 2$), et $f = 50/100 = 0,5$. Donc

$$IC_{1-\alpha} = \left[0,5 - 2\sqrt{\frac{0,5 \times 0,5}{100}} \;;\; 0,5 + 2\sqrt{\frac{0,5 \times 0,5}{100}} \right]$$

soit

$$IC_{1-\alpha} = \left[0,5 - 2\sqrt{25.10^{-4}} \ ; \ 0,5 + 2\sqrt{25.10^{-4}} \right]$$

d'où

$$IC_{1-\alpha} = \left[0,5 - 2.5.10^{-2} \ ; \ 0,5 + 2.5.10^{-2} \right]$$

Finalement,

$$IC_{1-\alpha} = [\,0,5 - 0,1 \ ; \ 0,5 + 0,1\,] = [0,4 \ ; \ 0,6]$$

On vérifie (et justifie) *a posteriori* la validité de ces calculs : il faut en effet

$$n.f_{min} \geq 5. \quad \text{Or} \quad n.f_{min} = 100 \times 0,4 = 40$$

La condition est donc largement satisfaite.

QCM 5 A,B,D

Afin de contrôler la quantité de principe actif (notée X) dans des comprimés, un laboratoire prélève un échantillon de 100 comprimés pris au hasard. On suppose que la variable X est normale, que sa moyenne est égale à 2 (unité non précisée) et que sa variance vaut 0,01.

A) L'écart-type vaut 0,1 et s'exprime dans la même unité que X.
VRAI : c'est la racine carrée de la variance. De plus, le résultat concernant l'unité est général. Le contraire conduirait en effet à ajouter des grandeurs de dimensions différentes, ce qui n'a pas de sens physique.

B) La probabilité que $X \in [\,1,8 \ ; \ 2,2\,]$ vaut 0,95.
VRAI : voir explications.

C) La probabilité que la quantité de principe actif appartienne à l'intervalle $[\,1,98 \ ; \ 2,02\,]$ est égale à 0,95.
FAUX : voir B. Dans l'item C, nous divisons l'écart-type par $\sqrt{100}$, ce qui n'est correct que dans le cas d'un intervalle de confiance pour la *moyenne* de la quantité de principe actif d'un échantillon (il s'agit alors du théorème de la limite centrale), et non de la quantité elle-même (confusion fréquente).

D) La probabilité que la quantité moyenne de principe actif dans l'échantillon appartienne à l'intervalle $[\,1,98 \ ; \ 2,02\,]$ est égale à 0,95.
VRAI : voir C.

E) Il faut estimer l'écart-type de la population par $0,1\sqrt{\dfrac{100}{99}}$.
FAUX : cet écart-type n'a pas à être estimé puisqu'il est connu.

Explications Comme X est **gaussienne (ou normale)** de moyenne 2 et d'écart-type 0,1, la variable

$$U = \frac{X-2}{0,1}$$

est normale centrée réduite. Donc

$$\text{Prob}(-1,96 \leq U \leq +1,96) \simeq \text{Prob}(-2 \leq U \leq +2) = 0,95$$

C'est-à-dire

$$\text{Prob}(-2 \leq \frac{X-2}{0,1} \leq +2) = \text{Prob}(2 - 2.0,1 \leq X \leq 2 + 2.0,1)$$

donc

$$\text{Prob}(1,8 \leq X \leq 2,2) = 0,95$$

L'item B est par conséquent exact.

Remarquer que la normalité de la variable n'est pas obligatoire (item D) dans le cas de la quantité moyenne, car le théorème central limite s'applique dès que $n \geq 30$, ce qui est ici le cas ($n = 100$).

QCM 6 E

La variable X d'une population obéit à une loi normale $N(\mu, \sigma^2)$. De cette population, on extrait un échantillon $\{X_1, X_2, ...X_{12}\}$

La valeur limite u_α intervenant dans l'intervalle de confiance dépend de la loi :

A) $N(0, 1)$
FAUX : car $n = 12 < 30$.

B) $N(m, \sigma^2)$
FAUX : quelle que soit la valeur de n.

C) T(13 ddl)
FAUX : voir E.

D) T(12 ddl)
FAUX : voir E.

E) T(11 ddl)
VRAI : voir cours. La loi est T[(n-1) ddl].

QCM 7 (suite du QCM 6) D

Avec les mêmes données que celles du QCM précédent, la meilleure estimation de σ^2 est (en posant $m = \frac{1}{12}(x_1 + x_2 + ... + x_{12})$

A) $\frac{1}{12}\sum\limits_{i=1}^{12}(x_i - m)^2$

B) $\frac{1}{11}\sum\limits_{i=1}^{12}(x_i - \overline{X^2})$ **FAUX : et même fondamentalement (X et X^2 n'ont pas la même dimension et ne peuvent donc être ni ajoutés, ni retranchés).**

C) $\frac{1}{12}\sum\limits_{i=1}^{11}(x_i - m^2)$ **FAUX : même remarque qu'au B.**

D) $\frac{1}{11}\sum_{i=1}^{12}(x_i - m)^2$ **VRAI : voir cours.**

E) $\frac{1}{11}\sum_{i=1}^{11}(x_i - m)^2$ **FAUX : voir D.**

QCM 8 B,E

Sur un échantillon de 9 étudiants, on a noté les résultats suivants :

$$m = 180\,\mathbf{cm} \quad \mathbf{et} \quad s_E^2 = 8\,\mathbf{cm}^2$$

où s_E^2 est la variance de l'échantillon.

A) L'écart-type estimé de la population est 9. **FAUX : c'est la variance estimée qui vaut :**

$$\hat{\sigma^2} = s^2 = \frac{n}{n-1}s_E^2 = \frac{9}{8}.8 = 9\,\mathbf{cm}^2$$

On en déduit que l'écart-type estimé vaut $s = 3$.

B) L'écart-type estimé de la population vaut $s = 3$.
VRAI : voir A.

C) L'intervalle de confiance au risque 0,05 est

$$IC_{0,95} = \Big[180 - 1,96 \;\; ; \;\; 180 + 1,96\Big]$$

FAUX : voir explications (la valeur limite ne doit pas être donnée par la loi normale car l'effectif est inférieur à 30).

D) L'intervalle de confiance au risque 0,05 est

$$IC_{0,95} = \Big[180 - 2,31 \times 3 \;\; ; \;\; 180 + 2,31 \times 3\Big]$$

FAUX : voir explications. Si on a bien pris la valeur limite 2,31 (correspondant à la loi de Student), on a en revanche oublié de diviser par $\sqrt{9} = 3$.

E) L'intervalle de confiance au risque 0,05 est

$$IC_{0,95} = \Big[177,69 \;\; ; \;\; 182,31\Big]$$

VRAI : voir explications.

Explications :

Comme l'effectif est de taille $9 < 30$, la valeur limite $t_{0,05}$ est donnée par la loi de Student à 8 ddl.

Sur la table (en fin d'ouvrage), on lit, à l'intersection [8 ddl/risque 0,05] : $t_{0,05}^{\nu=8} = 2,31$. De plus, l'écart-type estimé de la population est $\hat{\sigma} = 3$ (voir item B).

L'intervalle de confiance est donc

$$IC_{0,95} = \left[\hat{\mu} - t_\alpha^{\nu=n-1}\frac{s}{\sqrt{n}} \;\; , \;\; \hat{\mu} + t_\alpha^{\nu=n-1}\frac{s}{\sqrt{n}}\right] = \left[180 - 2,31\frac{3}{\sqrt{9}} \;\; , \;\; 180 + 2,31\frac{3}{\sqrt{9}}\right]$$

soit :

$$IC_{0,95} = \left[180 - 2,31 \;\; ; \;\; 180 + 2,31\right] = \left[177,69 \;\; ; \;\; 182,31\right]$$

L'item E est donc vrai.

QCM 9 C

On veut estimer le taux de cholestérol d'une population à partir des données d'un échantillon randomisé de 20 sujets.

A) C'est impossible car le nombre de sujets est inférieur à 30. **FAUX : c'est possible si la variable "taux de cholestérol" est gaussienne.**

B) On ne pourra faire une estimation ponctuelle de ce taux que si c'est une variable gaussienne. **FAUX : cette condition n'intervient pas dans l'estimation ponctuelle.**

C) On ne pourra construire un intervalle de confiance que si la variable "taux de cholestérol" est normale. **VRAI : car $n < 30$.**

D) Un intervalle de confiance fera intervenir la loi normale centrée réduite. **FAUX : la loi t de Student à (n−1) = 19 ddl.**

E) Un intervalle de confiance fera intervenir la loi t de Student à 20 ddl. **FAUX : voir item D.**

QCM 10 (comparable au QCM 5) E

Un laboratoire d'analyse fabrique des comprimés contenant chacun une masse de principe actif qui obéit à une loi normale de moyenne 1g et de variance 0,01g^2. On extrait un échantillon de 64 comprimés : on trouve une moyenne m de principe actif dans cet échantillon légèrement différente de la valeur théorique.

A) Pour les détermination l'intervalles de confiance de la moyenne, il faudra remplacer la variance théorique par la variance estimée s. **FAUX : c'est ce que l'on fait quand on ne connaît pas la valeur théorique. Et de toutes manières, il est sans intérêt de calculer un intervalle de confiance pour la moyenne... que l'on connaît !**

B) On sera amené à effectuer une estimation ponctuelle de la moyenne de la population. **FAUX : ni ponctuelle, ni par intervalle de confiance, puisqu'elle est connue (1g par comprimé).**

Il ne faut pas confondre avec les intervalles de pari (chapitre suivant).

C) Il faudra utiliser la loi normale N(0,1) pour faire une estimation par intervalle de confiance. **FAUX : estimation inutile, voir item C.**

D) Il faudra d'utiliser la loi t de Student à 63 ddl pour faire une estimation par intervalle de confiance. **FAUX : encore plus absurde, puisque $n > 30$ (égal à 64).**

E) Toutes les propositions ci-dessus sont fausses. **VRAI.**

QCM 11 (suite du 10) D,E

Concernant l'échantillon de 64 pièces

A) La probabilité que la moyenne théorique de cet échantillon soit comprise entre −1,96 et +1,96 est égale à 0,95.

FAUX : la moyenne de l'échantillon est la moyenne *observée* et non la moyenne *théorique*, que l'on connaît. Et de toutes manières, l'intervalle n'est pas correct : voir item B

B) La probabilité que la moyenne observée de cet échantillon soit comprise entre -1,64 et +1,64 est égale à 0,90.

FAUX : cet encadrement à 90% correspond à la variable centrée réduite et non à la variable X d'origine (voir cours).

C) La probabilité que la moyenne de principe actif dans les comprimés de l'échantillon soit comprise entre −1,96 et +1,96 est égale à 0,95.

FAUX : toujours la confusion entre la variable centrée réduite et la moyenne elle-même.

D) La probabilité que la moyenne de principe actif dans les comprimés de l'échantillon soit comprise entre −0,975 et +1,025 est égale à 0,95.

VRAI : voir explications.

E) La probabilité que la masse de principe actif d'un comprimé soit comprise entre −1,8 et +1,2 est égale à 0,95. **VRAI : voir explications.**

Explications :

1. Soit X la masse de principe actif. D'après le texte, X obéit à la loi normale N(1 ; 0,01). Donc, la variable

$$U = \frac{X-1}{0,1}$$

obéit à la loi normale N(0 ; 1). Donc, la probabilité de se trouver à l'extérieur de l'intervalle $[-1,96\ ;\ +1,96] \simeq [-2\ ;\ +2]$ est égale à 0,95 (voir cours). D'où

$$\text{Prob}\left[-2 < \frac{X-1}{0,1} < 2\right] = 0,95$$

ou

$$\text{Prob}\left[-0,2+1 < X < 0,2+1\right] = \text{Prob}\left[0,8 < X < 1,2\right] = 0,95$$

L'item E est donc vrai.

2. D'après le TCL, la moyenne $\overline{X}$ de la masse de principe actif dans l'échantillon obéit (approximativement) à la loi normale

$$N\left[1\ ;\ \frac{0,1}{\sqrt{64}} = \frac{0,1}{8} = 0,0125\right]$$

Par conséquent

$$\text{Prob}\left[-2 < \frac{\overline{X}-1}{0,0125} < 2\right] = 0,95 \quad \text{en prenant} 1,96 \simeq 2$$

D'où :

$$\text{Prob}\left[0,975 < \overline{X} < 1,025\right] = 0,95$$

L'item D est donc vrai.

QCM 12 suite et fin du 10 D

Quelle(s) est (sont) la (les) proposition(s) exacte(s) ?

A) On n'a pu appliquer le TCL que parce que la masse X de principe actif était supposée gaussienne.

FAUX : ce n'est pas nécessaire car n=64>30.

B) Si l'on avait pris un échantillon de 25 comprimés, il aurait fallu faire des hypothèses supplémentaires sur la masse de principe actif pour affirmer que la moyenne observée obéit (approximativement) à une loi normale.

FAUX : ce n'aurait pas été la loi normale. Et de toutes manières, aucune hypothèse supplémentaire n'était alors requise, voir item C.

C) Si l'on avait pris un échantillon de 25 comprimés, il aurait fallu faire des hypothèses supplémentaire sur la masse de principe actif pour affirmer que la moyenne observée obéit (approximativement) à une loi de Student.

FAUX : puisque le texte dit déjà que la masse de principe actif est une quantité gaussienne, ce qui est la condition nécessaire requise pour pouvoir continuer.

D) La moyenne d'un échantillon de 25 comprimés obéit approximativement à une loi t de Student à 24 ddl.

VRAI : voir cours.

E) La moyenne d'un échantillon de 25 comprimés obéit approximativement à une loi t de Student à 25 ddl.

FAUX : voir item D.

QCM 13 A,B

Pour connaître la proportion π de diabétiques en France (glycémie supérieure à 1,26 g.L^{-1}, chiffre officiel), on choisit au hasard un échantillon de 25 individus (échantillon supposé représentatif de la population. on constate que 10 d'entre eux sont diabétiques (chiffres heureusement TRÈS fantaisistes).

A) La fréquence f observée des diabétiques est 0,4.

VRAI : $f = \frac{10}{25}$.

B) La proportion théorique estimée dans la population est 0,4.

VRAI : la fréquence observée est la meilleure estimation ponctuelle de la proportion π dans la population.

C) π =0,4.

FAUX : c'est $\hat{\pi}$, estimation de π qui est égale à 0,4. La proportion théorique π n'est pas connue.

D) Il faut envisager des hypothèses supplémentaires car n=25 < 30.

FAUX : dans le cas de variables qualitatives, ce n'est pas n qu'il faut comparer à 30 mais nπ que l'on doit comparer à 5.

E) On ne pourra *a priori* pas estimer π par intervalle de confiance.

FAUX : on ne peut pour l'instant rien affirmer de tel tant que l'on n'a pas étudié les conditions de validité.

QCM 14 (suite du QCM 13) D

On veut construire un intervalle de confiance de niveau 95% pour la proportion π. On prendra 1,96 $\simeq$ 2.

A) On peut appliquer la formule du cours car 25.0,4=10 > 5.

FAUX, il faut multiplier 25 par la borne inférieure de l'intervalle de confiance que l'on ne connaît qu'*a posteriori* : dans le cas présent, elle vaut 0,2 (voir explications) et donc 25.0,2 = 5. On est dans le cas limite et la formule est bien applicable.

B) On ne peut appliquer la formule du cours.

FAUX : voir item A.

C) L'intervalle de confiance cherché est l'intervalle [0,3 ; 0,5].

FAUX : voir item D.

D) L'intervalle de confiance cherché est l'intervalle [0,2 ; 0,6].

VRAI : voir explications.

E) On ne peut trouver un tel intervalle de confiance car il manque des données.

FAUX.

Explications

Au risque 5%, l'intervalle de confiance est donné par la formule (voir cours)

$$\mathrm{IC}_{0,95} = \left[f - 1,96\sqrt{\frac{f(1-f)}{n}} \ ; \ f + 1,96\sqrt{\frac{f(1-f)}{n}} \right]$$

ou, approximativement,

$$\mathrm{IC}_{0,95} \simeq \left[f - 2\sqrt{\frac{f(1-f)}{n}} \ ; \ f + 2\sqrt{\frac{f(1-f)}{n}} \right]$$

Dans l'exercice présent, on a donc :

$$\mathrm{IC}_{0,95} \simeq \left[0,4 - 2\sqrt{\frac{0,4\,.\,0,6}{25}} \ ; \ 0,4 + 2\sqrt{\frac{0,4\,.\,0,6}{25}} \right]$$

Comme 0,4 . 0,6 = 0,24 $\simeq$ 0,25 = 25.10^{-2}, on obtient :

$$\mathrm{IC}_{0,95} \simeq \left[0,4 - 2\sqrt{10^{-2}} \ ; \ 0,4 + 2\sqrt{10^{-2}} \right] = [0,4 - 02 \ ; \ 0,4 + 0,2] = [0,2 \ ; \ 0,6]$$

QCM 15 B

Pour en finir avec l'estimation ponctuelle

A) Elle concerne la moyenne (ou la fréquence) observée.

FAUX : celles-ci sont évidemment connues ("observées"). On cherche à estimer ce que l'on ne connaît pas, c'est-à-dire les moyennes (ou les proportions selon le type de variable) théoriques de la population.

B) L'estimation de la moyenne de la population est la moyenne de l'échantillon.

VRAI (cours).

C) L'estimation de la moyenne de l'échantillon est la moyenne observée.

FAUX : la moyenne de l'échantillon EST la moyenne observée.

D) L'estimation de la variance théorique de la variable quantitative est la variance observée.

FAUX : c'est la variance observée (de l'échantillon) multipliée par $\frac{n}{n-1}$.

E) L'estimation de la variance de la distribution des moyennes est égal à la variance de l'échantillon divisée par l'effectif n de l'échantillon.

FAUX : divisée par $(n-1)$.

Chapitre 7

Les tests statistiques

COURS

La compréhension parfaite des deux paragraphes qui suivent est indispensable à celle du reste du cours : ce n'est effectivement que dans ce cas que le lecteur trouvera relativement simple l'étude des tests.

Nous l'invitons donc à prendre le temps de bien assimiler les principales notions qui y sont attachées avant d'aborder l'étude des principaux tests. C'est pourquoi celles-ci sont largement détaillées, au risque de créer certaines répétitions parfois fastidieuses.

Mais une fois ces principes bien compris sur un cas particulier, la pratique est relativement simple (justement parce que répétitive) et on peut alors se contenter d'appliquer des formules toutes faites pour toutes les autres situations, la démarche étant la même dans quasiment tous les cas de figure.

7.1 Position du problème

7.1.1 Préambule

Illustrons donc le principe des tests sur un cas particulier (la glycémie, taux de glucose dans le sang, nous servira souvent de variable typique tout au long de ce chapitre).

La glycémie moyenne de la **population** française est connue et égale à 1g.L^{-1} (**valeur de référence**, ou valeur théorique).

On soupçonne les adolescents de se nourrir de manière désordonnée, et donc leur glycémie de ne pas être **conforme** à la moyenne de la population.

Pour tester cette hypothèse, on choisit au hasard un **échantillon** de n adolescents : après analyse sanguine, la glycémie moyenne **observée** de cet échantillon est trouvée égale à 1,1 g.L^{-1}. Comment interpréter cette observation ?

Deux points de vue s'opposent

1. La moyenne observée, supérieure à la valeur de référence, traduit le fait que les "ados" sont en hyperglycémie (légère) par rapport à la population (référence), ce qui déclenchera peut-être une campagne de prévention.
2. Pas du tout ! cette valeur observée (ici supérieure) n'est que le fruit du hasard : un autre échantillon aurait pu produire une valeur inférieure à 1 g.L^{-1}. On affirmera alors que la différence observée est simplement due aux fluctuations d'échantillonnage, donc au hasard.

Pour trancher, on pourrait prendre un grand nombre d'échantillons (100, par exemple) et faire la moyenne des moyennes observées : on diminuerait ainsi le risque des variations aléatoires. Mais plusieurs arguments s'opposent à cette démarche :

1. Si l'on trouve encore une valeur différente, il existera toujours des esprits soupçonneux pour considérer que l'on a pas pris assez d'échantillons : cette méthode ne les convaincra donc pas : il faudrait effectuer une analyse sanguine de **tous** les adolescents.
2. Pourquoi pas ? mais cette façon de procéder a ses limites :
   (a) problème de coût (c'est un paramètre dont il faut malheureusement tenir compte)
   (b) problème d'impossibilité : pour savoir si des fusées de feux d'artifice fonctionnent, faudrait-il toutes les allumer ? Le procédé semble quelque peu stupide !

Il va donc falloir se contenter d'un seul échantillon à partir duquel on tâchera de dire si la moyenne observée doit être considérée comme vraiment (on dira *significativement*) différente de la référence ou non.

Bien entendu, on ne pourra jamais conclure avec certitude, et il faudra accepter un risque *raisonnable* de se tromper (il en est ainsi d'ailleurs de toute décision que l'on doit prendre) : pour cela, on va effectuer des **tests statistiques** qui vont nous permettre de quantifier ce risque. Dans le cas de notre exemple, où l'on compare une moyenne à une valeur de référence connue, le test est appelé **test de conformité**.

Plus généralement

La variable que nous étudions maintenant n'est plus nécessairement la glycémie. Mais elle est toutefois *naturellement* numérique : tension artérielle, cholestérolémie, taux de triglycérides, poids, etc. Donc :

1. la variable étudiée est dite quantitative,
2. on effectue un test de conformité de la moyenne observée de cette variable (sur un échantillon) à sa moyenne (connue) dans la population, qui est une moyenne théorique de référence.

Très important

La marche à suivre que nous proposons ci-dessous pour un test de conformité est générale. Celle concernant les autres tests sera calquée sur elle : seules changeront les formules des statistiques de test (voir plus loin) qui seront donc proposées sans démonstration, ce qui est largement suffisant pour passer le concours de PACES.

7.1.2 Intervalle de pari

Soit donc une population **dont on connaît** la moyenne μ_0 et la variance σ^2 d'une variable quantitative attachée à chaque individu (la taille des jeunes de 18 à 25 ans, par exemple).

On extrait alors un échantillon $(X_1, X_2, ..., X_i, ..., X_n)$ de taille $n \geq 30$ de cette population de jeunes.

D'après le théorème de la limite centrale, la moyenne $\overline{X}$ de cet échantillon peut être assimilée à une variable aléatoire (elle est soumise aux fluctuations d'échantillonnage) normale de moyenne μ_0 et de variance σ^2/n.

Donc, **sous l'hypothèse que l'échantillon provient bien de la population** (cette précision est primordiale), la variable

$$Z = \frac{\overline{X} - \mu_0}{\dfrac{\sigma}{\sqrt{n}}} \tag{7.1}$$

est une variable normale centrée réduite. On en déduit (4.24)

$$\text{Prob}\,[-z_\alpha \leq Z \leq z_\alpha] = \text{Prob}\left[\, - z_\alpha \leq \frac{\overline{X} - \mu_0}{\dfrac{\sigma}{\sqrt{n}}} \leq z_\alpha \right] = 1 - \alpha$$

(Par exemple, nous avons vu au chapitre 4 (loi normale centrée réduite), le résultat suivant qu'il faut connaître par coeur :

$$\alpha = 0,05 \quad \Longleftrightarrow \quad z_\alpha = 1,96)$$

On déduit des inéquations précédentes :

$$\text{Prob}\left[\mu_0 - z_\alpha \frac{\sigma}{\sqrt{n}} \leq \overline{X} \leq \mu_0 + z_\alpha \frac{\sigma}{\sqrt{n}}\right] = 1 - \alpha$$

Définitions

1. L'intervalle

$$\boxed{IP_{1-\alpha} = \left[\mu_0 - z_\alpha \frac{\sigma}{\sqrt{n}} \; ; \; \mu_0 + z_\alpha \frac{\sigma}{\sqrt{n}}\right]} \tag{7.2}$$

   est **l'intervalle de pari de niveau $(1 - \alpha)$ de $\overline{X}$**.

   Autrement dit, la probabilité (ou le risque) que $\overline{X}$ se situe à **l'extérieur** de cet intervalle de pari est égale à α.

   Ainsi, on **parie** que la réalisation m de $\overline{X}$(obtenue dans l'échantillon) doit se trouver dans l'intervalle de pari avec une probabilité α de se tromper.

2. De même, l'intervalle

$$\boxed{IP_{1-\alpha} = [\,-z_\alpha\ ;\ z_\alpha\,]} \tag{7.3}$$

est **l'intervalle de pari de niveau $(1 - \alpha)$ de Z**.

7.1.3 Principe d'un test

Ce paragraphe est fondamental.

Nous illustrons ce principe par **un exemple particulier** : celui de la conformité d'un échantillon à une population de référence dont nous connaissons la moyenne μ_0 (et éventuellement la variance σ^2).

Mais le protocole ainsi décrit est général. Nous invitons le lecteur à prendre le temps de bien l'assimiler : la suite n'en sera que plus aisée à comprendre.

On dispose donc d'un échantillon $(X_1, X_2, ..., X_n)$ $(n \geq 30)$ de moyenne $\overline{X}$ (qui est, répétons-le, une variable aléatoire puisqu'elle dépend de l'échantillon). Cet échantillon n'est pas nécessairement issu de la population de référence.

Soit m la **réalisation** de la moyenne $\overline{X}$ de l'échantillon **choisi** (la valeur de m diffère évidemment d'un échantillon à l'autre).

On souhaite savoir si la moyenne aléatoire $\overline{X}$ de l'échantillon est **conforme** à la valeur de référence μ_0 de la population (moyenne de référence, dite **théorique**), autrement dit si cet échantillon provient[1] de la population de référence.

Cela nous amène à formuler deux hypothèses exclusives l'une de l'autre :

1. **Hypothèse nulle** H_0 : l'échantillon provient de la population

$$\overline{X} = \mu_0$$

   Il y a donc **zéro** différence entre l'échantillon et la référence (d'où le nom d'hypothèse **nulle**).

2. **Hypothèse alternative** H_1 :

$$\overline{X} \neq \mu_0$$

   Elle est donc beaucoup moins précise que H_0. Elle revient à admettre que l'échantillon n'est pas conforme à la population (et "n'en provient donc pas").

Il faut bien sûr quantifier ces notions et, pour cela, tester la différence entre m (puisque l'on ne connaît pas $\overline{X}$ qui, dépendant de l'échantillon, est aléatoire) et μ_0 : à partir de quelle valeur est-elle "trop" grande ? Autrement dit, à partir de quelle valeur $\overline{X}$ est-elle **significativement** différente (différence non due au hasard) de la valeur moyenne μ_0 théorique de la population de référence ?

[1] Se poser la question de savoir si l'échantillon provient de la population peut sembler étrange au lecteur, puisque l'on dit parfois que l'échantillon est directement issu de la population : il faut en fait comprendre qu'il peut ne pas être représentatif de la population générale (même s'il en provient).

• C'est le cas par exemple si les jeunes ont une glycémie qui les distingue du reste de la population : tout se passe comme s'ils n'en provenaient pas.

• C'est aussi le cas si la population elle-même a évolué au cours du temps (taille moyenne des Français, par exemple). Dans ce cas la moyenne de référence peut ne plus être valable et il convient alors de la réactualiser.

La démarche s'apparente à celle d'un raisonnement par l'absurde : on suppose qu'il n'y a pas de différence (autre que celle due au hasard) ce qui revient à admettre H_0. Sous cette hypothèse, la valeur de m doit dès lors se trouver dans l'intervalle de pari (7.2) avec la probabilité $1-\alpha$ (en général 95%). Si l'on trouve après calculs que ce n'est pas le cas, on tiendra le raisonnement suivant : s'il n'y avait effectivement pas eu de différence entre μ et μ_0 (hypothèse H_0) , la probabilité α de se trouver à l'extérieur aurait été faible (5%, par exemple). Or, c'est justement ce qui se produit ! Dès lors, notre attitude sera la suivante : on n'y croit pas et on rejette l' hypothèse de départ, c'est-à-dire H_0 avec un risque égal (par exemple) à 5% de se tromper.

On dira que la différence est **significative**, au risque α de se tromper.

Résumons cette démarche fondamentale :

1. On suppose toujours *a priori* que H_0 est vrai (on dit que l'on se place **sous** H_0).
2. On se donne un risque α, en général faible, de se tromper.
3. La valeur de α choisie induit celle de z_α (tables de la loi normale centrée réduite) ce qui permet d'obtenir l'intervalle de pari (7.3) pour la variable centrée réduite Z (expression (7.1)).
4. On adopte *a priori* la stratégie suivante : si la valeur calculée de Z est en dehors de l'intervalle de pari, on rejette H_0 au risque α.
5. On calcule alors la réalisation de la **statistique de test** Z (c'est-à-dire que l'on remplace $\overline{X}$ par sa réalisation m dans l'échantillon), ce qui donne :

$$z = \frac{m - \mu_0}{\dfrac{\sigma}{\sqrt{n}}}$$

(n'oublions pas que μ_0 est connue, ainsi que m qui est la moyenne observée de l'échantillon. Si σ ne l'est pas, on peut le remplacer par son estimation ponctuelle s obtenue à partir de l'échantillon).

6. D'après l'étude du paragraphe précédent, **sous** H_0, z calculé par la formule ci-dessus doit appartenir à l'intervalle de pari $IP_{1-\alpha}$ avec une probabilité $(1-\alpha)$ (en général 0,95). Deux cas se présentent alors :
   (a) **z est bien dans l'intervalle de pari** : dans ce cas, on n'a pas de raison (à 95%) de penser que H_0 est fausse, et on considère qu'il n'y a rien de nouveau qui nous permette d'affirmer qu'il y a une différence entre m et μ_0 (même si z n'est pas nulle, ce qui sera en général le cas, on juge peu importante la différence entre m et μ_0 et on l'attribue aux fluctuations d'échantillonnage car $\overline{X}$ est aléatoire). On dit alors que la différence n'est pas significative.

   Dans ce cas, on ne rejette pas l'hypothèse H_0 ($\overline{X} = \mu_0$), ce qui ne signifie pas que l'on rejette H_1.

   (b) **z est à l'extérieur de l'intervalle de pari**. Dans ce cas, le raisonnement est le suivant : la probabilité de se trouver à l'extérieur de l'intervalle de pari, si H_0 est vrai, est faible (et égale à α). Comme cet événement, bien qu'*a priori* peu probable sous H_0, s'est tout de même produit, on n'accepte pas la coïncidence et on dit que la différence entre m et μ_0 est **significative** au risque α (et pas simplement due au hasard des fluctuations d'échantillonnage).

Dans ce cas, on rejette l'hypothèse H_0 **:** $\overline{X} \neq \mu_0$ **au risque** α **(en général 5%) de se tromper**.

7.1.4 Illustration Rejet-Non rejet

1. **Rejet** : le fait de trouver z à l'extérieur de l'intervalle de pari nous conduit à rejeter H_0 (l'extérieur de l'intervalle est donc appelé la **zone de rejet**).
2. **Non rejet** : si l'on avait trouvé z dans l'intervalle de pari, on n'aurait pas rejeté H_0, ce qui ne signifie pas que l'on aurait rejeté H_1.

La finalité d'un test est donc de rejeter l'hypothèse nulle, mais pas l'hypothèse alternative. Si la statistique de test z tombe dans la zone de non rejet, on ne rejette pas H_1 et on garde H_0 jusqu'à ce qu'un autre test nous conduise (éventuellement) à rejeter H_0.

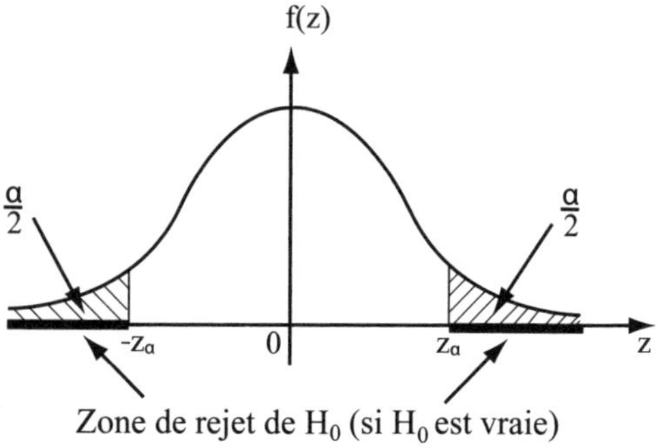

FIG. 7.1 – La zone de rejet de H_0 est surlignée en trait gras. La zone de non rejet est représentée en trait fin entre les deux zones de rejet.

7.1.5 Un exemple numérique

Pour être certains d'être parfaitement compris, nous détaillons maintenant un exemple numérique permettant de mieux comprendre la démarche décrite ci-dessus.

On sait que la taille moyenne des Français (hommes jeunes, entre 20 et 30 ans) en 1960 était égale à 173 cm avec un écart-type de 4 cm (valeurs un peu arbitraires, mais qui ne doivent pas être très éloignées de la réalité). En 2014, on choisit au hasard 100 Français de la même classe d'âge, et on note alors une taille moyenne m=175 cm. Les Français ont-ils changé de taille entre 1960 et 2014 ?

Deux remarques :

1. Il faut bien comprendre le sens de cette question : la taille moyenne observée en 2014 est clairement différente de la moyenne de référence et ainsi posée, la question pourrait sembler un peu bizarre.

   Il faut en réalité la “relire” de la façon suivante : les Français ont-ils *significativement* une taille moyenne différente en 2014, ou l'écart mesuré n'est-il le fait que de fluctuations d'échantillonnage (peut-être un autre échantillon aurait-il conduit à une taille moyenne, égale, voire inférieure à 173 cm) ?

2. Il faut s'entendre sur le terme "population" : certes, l'échantillon choisi est issu de la population française. Mais ce n'est plus la même et on peut tout à fait envisager que notre échantillon ne soit plus conforme à la population de *référence* de l'époque.

Les deux hypothèses en concurrence seront donc :

1. **Hypothèse nulle** H_0 : la taille moyenne $\overline{X}$ des Français n'a pas varié. La différence observée n'est pas significative, est due au hasard, est due aux fluctuations d'échantillonnage (toutes ces expressions sont équivalentes).
   H_0 s'écrit donc : $\overline{X} = \mu_0 = 173$ **cm (aux fluctuations d'échantillonnage près).**
   Autrement dit, H_0 exprime que la taille moyenne n'a pas changé.
2. **Hypothèse alternative** H_1 : la taille moyenne des Français a varié (la différence observée n'est pas le seul fait du hasard des échantillons : elle sera dite significative).
   $H_1 : \overline{X} \neq \mu_0 = 173$ cm.

Avant de commencer, il faut choisir le risque α de se tromper (que l'on accepte de courir *a priori*). Nous le prendrons égal à 0,05 : c'est ce risque qui est le plus souvent choisi, et nous commenterons le choix de cette valeur presque toujours adopté par la communauté scientifique un peu plus loin.

1. **Construction de l'intervalle de pari :**
   Conformément à la démarche décrite ci-dessus, **on suppose que** H_0 **est vraie** et donc qu'il n'y a rien de nouveau (les Français ont toujours la même taille). **Sous cette hypothèse** H_0, la variable

$$Z = \frac{\overline{X} - 173}{\frac{2}{\sqrt{100}}}$$

   suit approximativement la loi normale N(0,1) (théorème de la limite centrale applicable car n=100 > 30).
   On peut alors construire l'intervalle de pari dans lequel la réalisation de z (on réalise Z en prenant $\overline{X} = m$) devra se trouver avec une probabilité égale à 0,95 : il s'agit de l'intervalle

$$IP_{0,95} = [-1,96 \ ; \ 1,96]$$

2. **Sratégie adoptée**
   On décide de rejeter l'hypothèse nulle H_0 au risque 5% si la statistique de test calculée après réalisation est en dehors de cet intervalle de pari.

3. **Réalisation du test**
   Formons alors la statistique de test (on prend $\overline{X} = 175$) :

$$z = \frac{175 - 173}{\frac{4}{\sqrt{100}}} = \frac{2}{\frac{4}{10}} = \frac{20}{4} = 5$$

4. **Conclusions (qui conduisent en général à des décisions)**

   Le raisonnement ressemble à une démonstration par l'absurde : si H_0 est vraie, la statistique de test doit se situer (dans 95% des cas) dans l'intervalle de pari. Or, elle est nettement au dehors : il y avait 5% de chances qu'un tel événement se produise si H_0 était vrai. On ne croit donc plus en cette hypothèse H_0 de départ et **on la rejette** (avec un risque 5% de se tromper).

   Conclusion : on admet, avec un risque de 5%, que les Français n'ont plus la même taille.

   Décision (possible) : agrandir la taille des sièges dans les transports en commun (l'auteur de ces lignes n'est pas sûr que cette décision ait été partout adoptée).

7.1.6 Risques et puissance

1. **Risque de 1ère espèce** α : c'est le risque de rejeter H_0 à tort. En terme de probabilités, on peut écrire

$$\alpha = p\,(H_1/H_0)$$

   (probabilité de choisir H_1 alors que c'est H_0 qui est vraie). Ce risque est représenté par l'aire hachurée de la figure précédente ci-dessus illustrant les zones de rejet.

2. **Risque de 2ème espèce** β : c'est le risque de ne pas rejeter H_0 à tort. En terme de probabilités, on peut écrire

$$\beta = p\,(H_0/H_1)$$

3. **Puissance** : c'est le risque de rejeter H_0 à juste titre. C'est donc $(1 - \beta)$. En terme de probabilités, on peut écrire

$$P = 1 - \beta = p\,(H_1/H_1)$$

4. **Commentaires :**

   (a) **Le risque α est le plus grave.**

   Ainsi, lorsque l'on veut remplacer un traitement médical qui a fait ses preuves par un nouveau traitement présumé meilleur (à prouver...), l'hypothèse nulle H_0 est évidemment qu'il n'y a rien de nouveau (hypothèse systématiquement adoptée au départ, rappelons-le), donc que le nouveau traitement n'est pas meilleur.

   Si l'on rejette H_0 à tort (risque α), on remplace un traitement par un autre moins performant ce qui est bien sûr très dommageable pour les patients.

   C'est pourquoi on se fixe *a priori* un risque α assez faible (en général 0,05), de façon à minimiser ce risque.

   Mais “bizarrement”, on ne le choisit **pas trop faible**, ce qui peut sembler étrange (pourquoi ne pas prendre un risque moindre si l'enjeu est si important ?). La raison est la suivante : plus α est faible, plus z_α est grand, et plus l'intervalle de pari est large : dans ces conditions, il est vraisemblable que la statistique de test z restera systématiquement à l'intérieur de l'intervalle de pari choisi trop large **et qu'on ne rejettera presque jamais H_0**. Autrement dit, le risque que l'on ne veut pas courir (en prenant α trop faible) est remplacé par celui de ne jamais prendre de décision, et par exemple de ne pas remplacer un traitement par un nouveau qui serait pourtant meilleur.

À vouloir ne prendre aucun risque, on ne prend finalement aucune décision et donc on ne progresse pas ! (quand un médecin diagnostique une maladie à son patient, il prend bien sûr le risque de se tromper.

Que faire alors s'il ne veut prendre aucun risque, et donc aucune décision[2]) ?

(b) **Le risque β est moins grave.**

C'est justement le risque de ne rien changer...à tort. Dans l'exemple précédent, la statistique z est tombée dans l'intervalle de pari : on ne changera donc pas le traitement, alors qu'il est peut être meilleur. Mais ce risque est préférable au précédent. D'ailleurs, on ne rejette pas H_1 : on n'est juste pas convaincu par le test et on attend une preuve plus flagrante, supposant un test plus puissant.

Illustrons cela par un “exemple” : le professeur Nimbus prétend qu'il y a des petits hommes verts sur Mars. Il propose une observation avec son télescope (l'hypothèse nulle est qu'il n'y a pas de tels individus sur Mars). Si l'on n'observe rien, on ne rejettera pas l'hypothèse du professeur Nimbus (bien que l'on ait quelques doutes) : on lui dira simplement que jusqu'à preuve du contraire, on ne voit personne, et qu'il faut qu'il envisage un télescope plus puissant (ou peut-être aussi de sortir de l'enfance). Autrement dit, c'est à lui qu'il incombe de prouver qu'il a raison !

(c) **Concernant la puissance** : nous verrons plus loin comment augmenter la puissance, et donc diminuer le risque β ce qui est possible, même une fois α fixé.

5. **Représentation graphique de β et de la puissance :**

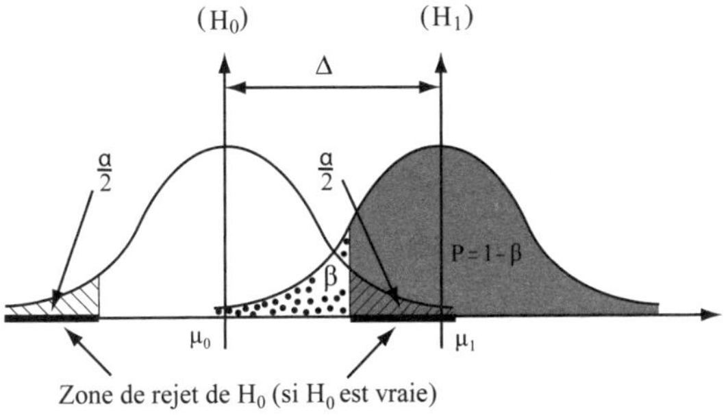

FIG. 7.2 – Représentation du risque de première espèce (hachuré), de deuxième espèce (pointillé) et de la puissance (fond grisé).

• Représenter le risque α est simple dans la mesure où H_0 est une hypothèse précise. Ainsi, se placer sous H_0 consiste a admettre que le paramètre étudié

[2]Changer immédiatement de médecin.

obéit à une certaine loi (dans notre exemple, c'était une loi normale) dont on peut tracer la densité de probabilité : c'est ce qui a permis de hachurer le risque α.

• En revanche, il est impossible de procéder de même avec l'hypothèse alternative H_1, en général trop floue (par quelle loi représenter l'hypothèse $\overline{X} \neq \mu_0$?).

• Nous pouvons toutefois représenter graphiquement ces deux grandeurs dans le cas où H_1 est elle-même une hypothèse précise, ce qui se rencontre tout de même dans beaucoup de situations pratiques.

(a) **Représentation de β** : β, risque de deuxième espèce, est la probabilité de ne pas rejeter H_0 à tort. Donc

   i. puisque l'on ne rejette pas H_0, $\overline{X}$ doit se trouver dans l'intervalle de pari $IP_{1-\alpha}$ de H_0 représenté en trait fin entre les deux zones de rejet (traits gras) ;

   ii. puisque l'on a tort, c'est que H_1 est vraie, et donc $\overline{X}$ obéit à la loi normale $N(\mu_1,\sigma^2)$. La probabilité cherchée est donc l'aire sous la densité de cette loi se trouvant au-dessus de l'intervalle de pari cité précédemment : β est donc l'aire représentée en pointillé sur la figure.

(b) **Représentation de la puissance** : comme l'on a $P = 1 - \beta$, la puissance est représentée en grisé sous la courbe H_1.

6. **Calculs pratiques de β et de la puissance :**

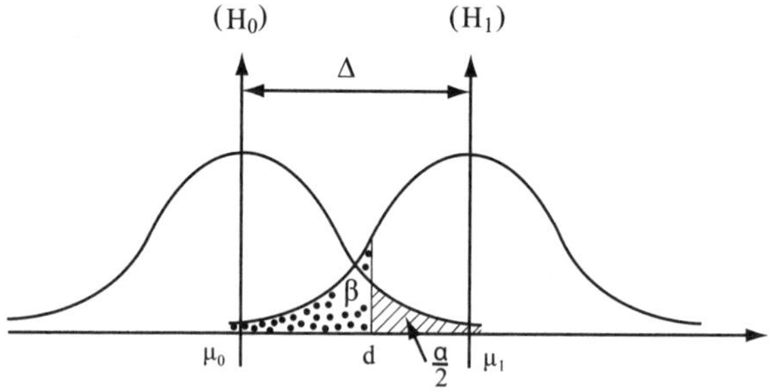

FIG. 7.3 – La valeur d commune aux deux intervalles de pari permet de déterminer β (voir l'intérieur du texte).

Là encore, nous ne pourrons effectuer les calculs que lorsque l'hypothèse est fine. Ainsi, on dispose des deux hypothèses suivantes :

$(H_0) : \overline{X} = \mu_0$

et

$(H_1) : \overline{X} = \mu_1$

(a) **Calcul de β.** C'est un calcul indirect : sur la figure ci-dessus

   i. La valeur d de la figure est la limite supérieure de l'intervalle de pari sous H_0 au risque α. Donc :

$$d = \mu_0 + u_\alpha \frac{\sigma}{\sqrt{n}}$$

ii. Cette même valeur d est la limite inférieure de l'intervalle de pari sous H_1 au risque 2β. Donc :

$$d = \mu_1 - u_{2\beta}\frac{\sigma}{\sqrt{n}}$$

On en déduit :

$$u_{2\beta} = \Delta\frac{\sqrt{n}}{\sigma} - u_\alpha \qquad (7.4)$$

où

$$\Delta = \mu_1 - \mu_0$$

Comme on connaît Δ, σ, n *et* u_α, on peut calculer $u_{2\beta}$.

Les tables nous donnent alors 2β et donc β (nous traiterons un exemple numérique en exercice).

(b) **Calcul de la puissance**

On l'obtient directement dès que l'on connaît β. En effet :

$$\boxed{P = 1 - \beta} \qquad (7.5)$$

7.1.7 Degré de signification

Comme nous l'avons vu dans le paragraphe précédent, le risque α n'est jamais pris trop faible, bien qu'ayant les conséquences les plus graves : la raison de ce paradoxe apparent tient au fait que de ne vouloir prendre aucun risque, ou quasiment, conduit à ne prendre aucune décision.

Le choix de α est donc lié à ce compromis entre un risque pas trop grand (sinon danger !) mais pas trop petit (sinon, faible prise de décision).

Une fois α choisi (en général 0,05), on effectue le test.

Si comme cela se produit fréquemment, la statistique de test est largement supérieure à la valeur critique de rejet, on peut avoir des regrets quant au choix de α. : pour être précis, supposons que l'on ait trouvé une valeur de Z égale à 3, donc >1,96. Dans ces conditions, on va rejeter H_0 au risque 0,05. Mais si on avait choisi $\alpha = 0,01$, valeur pour laquelle la valeur critique est 2,58, on aurait encore rejeté H_0. On peut alors "tricher" et dire qu'en fait, on avait choisi un risque α égal à 0,01. De telles pratiques sont risquées scientifiquement, rapidement démasquées et on ne doit donc pas y recourir.

Toutefois, rien n'empêche de calculer **le risque minimum α que l'on aurait pu choisir tout en rejetant H_0**. On communique alors cette valeur appelée **degré de signification p** à l'étude proposée, ce qui donne un crédit plus important au rejet de l'hypothèse nulle.

7.1.8 Nombre de sujets nécessaire

Imaginons la situation suivante : un laboratoire prétend remplacer un traitement anticancéreux de référence par un nouveau traitement (molécule nouvellement proposée par le labo), évidemment présumé plus performant.

Il procède alors à un test sur deux groupes de patients : l'un des groupes sera traité par le médicament de référence et l'autre groupe par le nouveau médicament.

Il observe ainsi des durées de survie légèrement supérieures avec le nouveau traitement : malheureusement, une fois testée, cette différence s'avère non significative : les autorités sanitaires ne vont donc pas remplacer l'ancien médicament par le nouveau. Est-ce-à dire qu'elles le rejettent ? Bien au contraire, elles souhaiteraient l'accepter, mais ne veulent pas prendre le risque très dangereux de se tromper (ici, risque de première espèce).

Elles ne rejettent donc pas H_1, mais "demandent à voir" : peut-être le risque β de deuxième espèce est-il trop grand, et donc la puissance trop faible (par exemple, microscope trop faible pour voir des bactéries, pourtant bien réelles) ?

Le labo va donc s'attacher à augmenter la puissance du test (dans le but de mettre en évidence une différence cette fois-ci significative). Il dispose pour cela d'un moyen : augmenter le nombre n de sujets effectuant le test.

On obtient ce nombre à partir de la formule(7.4) qui conduit, par élévation au carré :

$$\boxed{n = \frac{\sigma^2}{\Delta^2}\left[u_\alpha + u_{2\beta}\right]^2} \qquad (7.6)$$

Ainsi, la puissance souhaitée donne β, donc $u_{2\beta}$, et comme u_α a été fixé (en général 5%), la formule ci-dessus donne le nombre de sujets nécessaire à l'obtention de cette puissance.

Remarque : il existe également des formules pour la conformité à une proportion théorique, ainsi que pour les tests d'homogénéité. Nous ne les donnons pas car chaque professeur fera le choix des formules qu'il veut utiliser. La formule que nous proposons permet simplement de comprendre la méthode.[3]

7.1.9 Tests bilatéraux et unilatéraux

1. **Test bilatéral**

   Lorsque l'on procède à un test de comparaison (moyenne ou proportion, test de conformité ou d'homogénéité), on ne sait pas le plus souvent dans quel sens on observera une différence (si on en observe une), bien qu'on puisse parfois en avoir une idée. Par exemple, si l'on veut comparer la taille

[3]Donnons tout de même le résultat dans le cas d'un test d'homogénéité sur deux échantillons de même taille n. On trouve (attention, il s'agit du nombre de sujets nécessaire *par groupe*) :

$$\boxed{n = \frac{2\sigma^2}{\Delta^2}\left[u_\alpha + u_{2\beta}\right]^2} \qquad (7.7)$$

On voit qu'il apparaît un facteur 2 dans la formule.

moyenne d'un groupe de 100 jeunes de 20 ans de la région PACA à la taille moyenne des Français, on ne peut prévoir *a priori* si elle lui sera inférieure ou supérieure. Dans ce cas, on testera $\overline{X} \neq \mu_0$ sans préjuger de celui de ces deux nombres qui sera le plus grand : c'est pourquoi le risque α correspondra aux deux situations et se répartira en un risque $\frac{\alpha}{2}$ pour les valeurs supérieures et un risque $\frac{\alpha}{2}$ pour les valeurs inférieures : c'est ce que nous avons fait jusqu'à présent et le test est alors dit **test bilatéral.**

2. **Test unilatéral**

   Dans certains cas toutefois, la variation attendue se fait dans un seul sens : ainsi, dans l'exemple ci-dessus d'un nouveau médicament anticancéreux, on ne va pas remplacer l'ancien traitement par un nouveau qui diminuerait la durée de survie des malades (et donc évidemment on ne va rien tester en ce sens).

   Dans ces conditions, le risque α sera entièrement réparti sur les valeurs supérieures de la durée de survie (Prob $(\overline{X} > \mu_0 = \alpha)$), et la probabilité de rejet de H_0 en sera augmentée (par exemple, si $\alpha = 0{,}05$, un test unilatéral conduira à un rejet pour une statistique dépassant 1,64, alors qu'il la faudra supérieure à 1,96 pour conduire à un rejet en cas de test bilatéral).

   Ce test, plus performant, est dit **test unilatéral.**

Dans la pratique, vous ne rencontrerez que des tests bilatéraux (avec peut-être quelques considérations qualitatives sur les tests unilatéraux). Mais on ne sait jamais... Pour résumer :

1. Test bilatéral : le risque α conduit à la valeur seuil Z_α (lue dans les tables),
2. Test unilatéral : le risque α conduit à la valeur seuil $Z_{2\alpha}$ (lue dans les tables).

7.2 Récapitulation : démarche générale

7.2.1 Récapitulation vocabulaire

Si l'on a bien compris ce qui précède, la seule difficulté réside maintenant dans le choix de la statistique de test : nous allons donner l'essentiel de ce qu'il y a à retenir pour le PACES (sans démonstrations, car elles sont inutiles pour le concours).

Tout d'abord, insistons sur le vocabulaire suivant, essentiel pour ne pas se tromper :

1. **observé** se rapporte à un **échantillon**
2. **théorique** (ou référence) se rapporte à une **population** (de référence...)

Ainsi :

- quand on comparera un effectif observé à un effectif théorique, on comparera les paramètres d'un échantillon à ceux d'une population (test de conformité).
- quand on comparera deux effectifs observés, on comparera les paramètres de deux échantillons (test d'homogénéité).

Pour chaque type de test, nous envisagerons le cas de variables **quantitatives** et de variables **qualitatives**, et dans chaque cas apparaîtront des **conditions de validité** qu'il faudra bien connaître.

7.2.2 La "check list"

1. On se donne *a priori* un risque α (en général 0,05) qu'il n'est pas question de modifier pour convenance personnelle *a posteriori*, une fois recueillies les données et réalisée la statistique de test.
2. On définit H_0 et H_1
3. La variable est-elle quantitative (tests sur moyennes) ou qualitative (tests sur proportions ou effectifs) ?
4. Conformité (1 seul échantillon versus population + 1 mesure) ?, série appariée (1 échantillon sur lequel s'effectuent 2 mesures simultanées ou successives) ? ou homogénéité (2 échantillons ou plus + 1 mesure) ?
5. Effectifs supérieurs à 30 (pas de conditions supplémentaires de validité) ? ou inférieur (conditions supplémentaires de validité) ?
6. On choisit alors la statistique de test appropriée.
7. On définit un intervalle de pari, et donc la zone de rejet en fonction du risque α et de la loi à laquelle obéit la statistique de test ci-dessus.
8. Si la réalisation de la statistique de test est dans l'intervalle de pari, on ne rejette pas H_0 : on peut alors essayer d'**améliorer la puissance** pour pouvoir rejeter H_0 en augmentant le nombre de sujets nécessaire.
9. Si la réalisation de la statistique de test n'est pas dans l'intervalle de pari, on rejette H_0 au risque α : on peut éventuellement fournir un **degré de signification** s'il conforte le rejet.

7.3 Les principaux tests (en PACES)

Pour simplifier, les tests seront toujours supposées bilatéraux.

Dans tout ce qui suit, le risque α (presque toujours 0,05) est choisi *a priori*, avant tout recueil de données (nous le rappellerons systématiquement), ainsi que la stratégie de non-rejet ou de rejet ($z_{\text{calculé}}$ appartient à l'intervalle de pari ou non).

7.3.1 Test de conformité

C'est l'exemple générique qui nous a servi pour exposer le principe des tests. Retenons :

1 ÉCHANTILLON DE TAILLE n (observé) /**POPULATION** (théorique)

\+

1 MESURE (moyenne ou proportion)

I. Variable quantitative : moyenne observée m / moyenne théorique μ_0

1. **Choix du risque** α (en général 5%)
2. **Les hypothèses**

   Hypothèse nulle H_0 : $\mu = \mu_0$

   Hypothèse alternative H_1 : $\mu \neq \mu_0$
3. **Statistique de test**

$$\boxed{Z = \frac{\bar{X} - \mu_0}{\frac{\sigma}{\sqrt{n}}} \quad \text{ou} \quad Z = \frac{\bar{X} - \mu_0}{\frac{s}{\sqrt{n}}}} \tag{7.8}$$

   μ_0 est connue.

   Si σ est inconnu (en général le cas), on peut le remplacer par son estimation s obtenue à partir de l'échantillon (deux formules ci-dessus).
4. **Conditions de validité et intervalle de pari** :

   (a) **n $\geq$ 30 : pas de condition de validité (CV)**
   et

   $$\boxed{\text{Sous } H_0}$$

   Z $\rightarrow$ N(0,1) (approximativement) et $IP_{1-\alpha} = [-z_\alpha \; ; \; +z_\alpha]$

   où la valeur critique z_α est lue (à partir de α) dans la table de la loi normale.

   (b) **n < 30 : X doit être gaussienne (normale)**
   et

   $$\boxed{\text{Sous } H_0}$$

   Z $\rightarrow$ T(n−1) et $IP_{1-\alpha} = [-t_\alpha^{n-1} \; ; \; +t_\alpha^{n-1}]$

   où la valeur critique t_α^{n-1} est lue (à partir de α) dans la table T de Student-Fisher à (n−1) degrés de liberté (ddl).

5. **Réalisation du test** (on remplace $\overline{X}$ par sa valeur observée m dans l'échantillon) : on obtient

$$z = \frac{m - \mu_0}{\frac{\sigma}{\sqrt{n}}}$$

   et on rejette H_0 (au risque α) selon que z est dans la zone de rejet (hors intervalle de pari) ou non.

II. Variable qualitative : fréquence observée f / proportion théorique p

1. **Choix du risque** α (en général 5%)
2. **Les hypothèses**
   Hypothèse nulle H_0 : $f = p$
   Hypothèse alternative H_1 : $f \neq p$
3. **Statistique de test**

$$\boxed{Z = \frac{F - p}{\sqrt{\dfrac{p\,(1-p)}{n}}}} \tag{7.9}$$

4. **Conditions de validité et intervalle de pari** :

   (a) $\mathbf{np \geq 5}$ et $\mathbf{n(1-p) \geq 5}$ **: pas de CV**

   Sous H_0

   $Z \to N(0,1)$ et $IP_{1-\alpha} = [\,-z_\alpha\ ;\ +z_\alpha\,]$

   où la valeur critique z_α est lue (à partir de α) dans la table de la loi normale.

   (b) $\mathbf{np < 5}$ ou $\mathbf{n(1-p) < 5}$: ce cas ne sera pas traité.

5. **Réalisation du test dans le cas (a)** (on remplace F par sa valeur observée f dans l'échantillon) : on obtient

$$z = \frac{f - p}{\sqrt{\dfrac{p\,(1-p)}{n}}}$$

   et on rejette H_0 (au risque α) selon que z est dans la zone de rejet (hors intervalle de pari) ou non.

7.3.2 Tests d'homogénéité

On compare deux échantillons issus de deux populations dont on veut comparer les moyennes μ_A et μ_B **inconnues** (dans le cas d'une variable quantitative), ou les proportions p_A et p_B **également inconnues** (dans le cas d'une variable qualitative).

Retenons :

2 ÉCHANTILLONS DE TAILLES n_A et n_B (observés)

+

1 MESURE (moyenne ou proportion)

I. Variable quantitative : moyenne observée $\overline{X_A}$ / moyenne observée $\overline{X_B}$

Les réalisations de ces deux moyennes dans les deux échantillons sont notées respectivement m_A et m_B.

1. **Choix du risque** α (en général 5%)
2. **Les hypothèses**
   Hypothèse nulle H_0 : $\mu_A = \mu_B$
   Hypothèse alternative H_1 : $\mu_A \neq \mu_B$
3. **Conditions de validité, statistique de test et intervalle de pari :**

   Contrairement aux cas précédents, la statistique de test dépend des conditions de validité : nous ne pouvons donc la donner *a priori*, avant l'examen des différents cas.

   (a) **$n_A \geq 30$ ET $n_B \geq 30$**

   i. **CV : aucune**

   ii. **Statistique** (on dit aussi paramètre ou critère) **du test**

$$\boxed{Z = \frac{\overline{X}_A - \overline{X}_B}{\sqrt{\dfrac{s_A^2}{n_A} + \dfrac{s_B^2}{n_B}}}} \tag{7.10}$$

   (Comme σ_A^2 et σ_B^2 (variances des populations mères) sont presque toujours inconnues, on les remplacera par leurs estimations respectives s_A^2 et s_B^2)

   iii. **Intervalle de pari (de niveau 1$-\alpha$)** :

$$\boxed{\text{Sous } H_0}$$

$$Z \to N(0{,}1) \qquad \text{et} \qquad IP_{1-\alpha} = [\,-z_\alpha\ ;\ +z_\alpha\,]$$

   où la valeur critique z_α est lue (à partir de α) dans la table de la loi normale centrée réduite.

   (b) **n_A < 30 OU n_B < 30**

   i. **CV** :
   • **les variables X_i sont gaussiennes (normales)**,
   • **égalité des variances** : cette égalité (que nous supposerons) peut être testée (test de Fisher que nous ne développerons pas dans ce cours car tous les professeurs n'en parlent pas).

   ii. **Statistique de test** : si donc cette dernière condition est réalisée, on remplacera la statistique de test (7.10) par la statistique suivante

$$\boxed{Z = \frac{\overline{X}_A - \overline{X}_B}{\sqrt{s^2\left[\dfrac{1}{n_A} + \dfrac{1}{n_B}\right]}}} \tag{7.11}$$

où

$$\boxed{s^2 = \frac{(n_A - 1)s_A^2 + (n_B - 1)s_B^2}{n_A + n_B - 2}} \qquad (7.12)$$

iii. **Intervalle de pari** :

$$\boxed{\text{Sous } H_0}$$

$$\text{Z} \to \text{T}\big[\,\nu = (\text{n}_A{+}\text{n}_B{-}2) \text{ ddl }\big)\big] \qquad \text{et} \qquad IP_{1-\alpha} = [\,-t_\alpha^\nu \ ; \ +t_\alpha^\nu\,]$$

où la valeur critique t_α^ν est lue (à partir de α) dans la table de Student à (ν) degrés de liberté (ddl).

4. **Réalisation du test** (on remplace $\overline{X_A}$ et $\overline{X_B}$ par leurs valeurs observées m_A et m_B dans l'échantillon) : on obtient (par exemple dans le premier cas)

$$z = \frac{\text{m}_A - \text{m}_B}{\sqrt{\dfrac{\text{s}_A^2}{n_A} + \dfrac{\text{s}_B^2}{n_B}}}$$

et on rejette H_0 (au risque α) selon que z est dans la zone de rejet (hors intervalle de pari) ou non.

II. Variable qualitative : fréquence observée F_A / fréquence observée F_B

(dont les réalisations dans les deux échantillons sont respectivement f_A et f_B).

1. **Choix du risque** α (en général 5%)
2. **Les hypothèses**
   Hypothèse nulle H_0 : $\text{p}_A = \text{p}_B$
   Hypothèse alternative H_1 : $\text{p}_A \neq \text{p}_B$
3. **Statistique de test**

$$\boxed{Z = \frac{F_A - F_B}{\sqrt{p(1-p)\left[\dfrac{1}{n_A} + \dfrac{1}{n_B}\right]}}} \qquad (7.13)$$

où

$$p = \frac{n_A p_A + n_B p_B}{n_A + n_B}$$

4. **Conditions de validité et intervalle de pari**

   (a) $\mathbf{n_A p \geq 5}$, $\mathbf{n_A(1-p) \geq 5}$, $\mathbf{n_B p \geq 5}$, **ET** $\mathbf{n_B(1-p) \geq 5}$,

$$\boxed{\text{Sous } H_0}$$

$$\text{Z} \to \text{N}(0{,}1) \qquad \text{et} \qquad \text{IP}_{1-\alpha} = [\,-\text{z}_\alpha \ ; \ +\text{z}_{\alpha},]$$

   où la valeur critique z_α est lue (à partir de α) dans la table de la loi normale.

(b) **L'une des quantités ci-dessus est inférieure à 5**

Ce cas ne sera pas traité.

5. **Réalisation du test** (on remplace F_A et F_B par les valeurs observées f_A et f_B dans l'échantillon) : on obtient

$$Z = \frac{f_A - f_B}{\sqrt{p(1-p)\left[\dfrac{1}{n_A} + \dfrac{1}{n_B}\right]}}$$

et on rejette H_0 (au risque α) selon que z est dans la zone de rejet (hors intervalle de pari) ou non.

7.3.3 Séries appariées

Nous ne traiterons que le cas d'une variable quantitative :

On effectue une mesure X_i d'une grandeur sur un échantillon d'individus à un instant donné, puis une autre mesure Y_i de la même grandeur sur le **même échantillon** ultérieurement.

On note $D_i = X_i - Y_i$ la différence observée sur chaque individu (variance estimée s^2). On note $\overline{D}$ la moyenne de la variable aléatoire D_i, de réalisation $\overline{d}$ dans l'échantillon.

Par exemple, on mesure la tension artérielle d'un groupe de patients donné. On propose alors un traitement aux individus de ce groupe puis, on mesure cette même tension artérielle quelques temps plus tard pour évaluer l'effet du traitement.

Résumons :

1 ÉCHANTILLON DE TAILLE n (observé)

+

2 MESURES (moyenne ou proportion)

La question qui se pose est la suivante : y a-t-il un changement entre les deux mesures ? Donnons succinctement les résultats :

1. **Les hypothèses**

   Hypothèse nulle H_0 : $\overline{D} = 0$
   Hypothèse alternative H_1 : $\overline{D} \neq 0$

2. **Statistique de test**

$$\boxed{Z = \frac{\overline{D}}{\sqrt{\dfrac{s^2}{n}}}} \tag{7.14}$$

   Cette statistique est analogue à un test de conformité entre une moyenne observée et 0.

3. **Conditions de validité et intervalle de pari**

   (a) **n ≥ 30 : pas de CV.**

   Alors, sous H_0

   $$Z \to N(0,1) \qquad \text{et} \qquad IP_{1-\alpha} = [\,-z_\alpha\,;\,+z_\alpha\,]$$

   où la valeur critique z_α est lue (à partir de α) dans la table de la loi normale.

   (b) **n < 30 (avec D_i gaussienne pour tout i)** : Les résultats sont analogues à ceux du test de conformité (mais ce cas n'est quasiment jamais demandé en PACES : nous n'insistons donc pas).

4. **Réalisation du test** : dans Z, on remplace $\overline{D}$ par sa valeur observée $\overline{d}$ dans l'échantillon) : on obtient la valeur z.

   On rejette alors classiquement H_0 (au risque α) selon que z est dans la zone de rejet (hors intervalle de pari) ou non.

7.3.4 Test du χ^2

Ce test, **essentiellement bilatéral**, est utilisé pour des **variables qualitatives exclusivement** : dans le cas où cette variable prend deux "valeurs" (ou modalités), le test du χ^2 est équivalent (selon le cas) aux tests qualitatifs vus dans les paragraphes précédents (nous examinerons ces cas en exercice) et dont le traitement est plus simple.

Nous n'envisagerons par conséquent que les cas où les variables qualitatives ont au moins 3 modalités, qui ne peuvent pas être traités par les tests précités.

1- Ajustement à une loi théorique (conformité)

Prenons un exemple : La couleur des yeux des individus de la population française obéit aux proportions suivantes (valeurs fantaisistes !)

Couleur des yeux	*bleus*	*verts*	*marron*	*gris*
proportions	0,2	0,1	0,4	0,3

On aimerait savoir si on observe cette même proportion chez les Normands : pour cela, on sélectionne (au hasard) 100 personnes dans cette région. Les effectifs **observés** dans cet échantillon sont les suivants :

Couleur des yeux	*bleus*	*verts*	*marron*	*gris*
Effectifs observés	28	14	30	28

Si ces effectifs étaient conformes à ceux de la population, on devrait trouver les effectifs attendus suivants :

Couleur des yeux	*bleus*	*verts*	*marron*	*gris*
Effectifs attendus	20	10	40	30

C'est-à-dire que les effectifs attendus sont calculés en faisant le produit np de l'effectif $n = 100$ de l'échantillon par la proportion théorique p (par exemple, l'effectif attendu, calculé, théorique, des individus ayant les yeux bleus est égal à $0{,}2 \times 100 = 20$). Les effectifs observés et attendus semblent quelque peu différents, et il convient alors de savoir si ces différentes correspondent à une réalité significative ou n'est due qu'au hasard (fluctuations d'échantillonnage).

Nous y reviendrons un peu plus loin. Mais nous allons d'abord généraliser cette méthode.

2- Généralisation

Soit donc une variable qualitative à k modalités $M_1, M_2, ..., M_k$: les proportions $p_1, p_2, ..., p_k$ de ces modalités dans la population sont connues, et on cherche à savoir si les effectifs **observés** $O_1, O_2, ...O_k$ dans un échantillon de taille n sont conformes à ceux calculés $C_1 = np_1, C_2 = np_2, ...C_k = np_k$ (effectifs attendus ou théoriques) à l'aide des proportions théoriques de la population. On obtient alors le tableau suivant :

Modalité	M_1	M_2	...	M_k
Effectifs observés	O_1	O_2	...	O_k
Effectifs calculés	C_1	C_2	...	C_k

1. **Choix du risque α (en général 5%)**
2. **Les hypothèses**
   • Hypothèse nulle H_0 : les deux distributions (observées et calculées) sont les mêmes (aux fluctuations près).
   • Hypothèse alternative H_1 : les deux distributions (observées et calculées) sont significativement différentes.
3. **Statistique de test**

   La statistique de test permettant de mesurer l'écart entre ces deux distributions (et qui permettra de décider si cette différence est significative) est la suivante :

$$K = \sum_{i=1}^{k} \frac{(O_i - C_i)^2}{C_i} \tag{7.15}$$

   et on admettra :

Sous H_0, K obéit à une loi du χ^2 à $(k-1)$ degrés de liberté (ddl). (7.16)

4. **Conditions d'application**

   Les effectifs calculés (théoriques, attendus, de la population etc.) doivent vérifier

$$\forall i, \quad C_i \geq 5$$

5. **Intervalle de pari**

   Le risque α détermine, pour un certain ddl, une valeur critique χ^2_α, définie par (voir figure)

   $$\text{Prob}\left[\chi^2 \geq \chi^2_\alpha\right] = \alpha.$$

   L'intervalle de pari de niveau $1-\alpha$ est donc l'intervalle

   $$\text{IP}_{1-\alpha} = \left[0\,;\,\chi^2_\alpha\right]$$

   C'est l'intervalle dans lequel, **sous $\mathbf{H_0}$** la (réalisation de la) statistique de test doit se trouver avec une probabilité $1-\alpha$.

6. **Stratégie (classique) adoptée**

   • $K < \chi^2_\alpha$: la statistique de test se trouve donc dans l'intervalle de pari $\text{IP}_{1-\alpha}$, ce qui était donc prévisible, sous H_0, avec une probabilité $1-\alpha$ (en général 95%). On n'a donc aucune raison de rejeter H_0 et on dira qu'*a priori*, l'échantillon est conforme à la population (ajustement correct).

   Insistons encore : ce n'est pas un rejet de l'hypothèse H_1. On affirme seulement *qu'il n'y a aucune raison de rejeter* H_0 et donc de choisir H_1. Mais rappelons que cette affirmation a un risque (de deuxième espèce β) et résulte peut-être du choix d'un échantillon défavorable ou d'un défaut de puissance (cf. *infra*).

   • $K \geq \chi^2_\alpha$: la statistique de test se trouve donc à l'extérieur de l'intervalle de pari, ce qui ne devait se produire qu'avec une probabilité égale à α (en général 5%). On rejette alors l'hypothèse nulle comme non crédible au risque α et on adopte l'hypothèse alternative : l'échantillon ne s'ajuste pas à la population.

   Insistons : cette fois-ci, il s'agit là d'un vrai rejet de H_0, avec le risque α de première espèce de se tromper.

   Un test est fait pour rejeter l'hypothèse nulle (ou accepter $\mathbf{H_1}$).

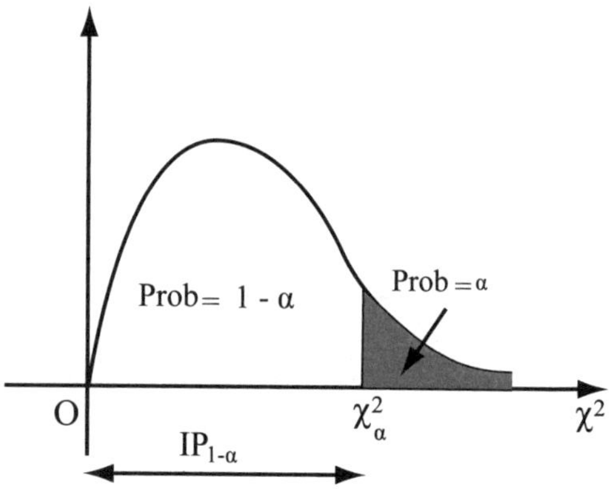

FIG. 7.4 – Représentation graphique de la probabilité $\text{P}\left[\chi^2 \geq \chi^2_\alpha\right] = \alpha$ (hachurée sur la figure)

Retour à l'exemple du début de ce paragraphe (couleur des yeux)

• Hypothèse H_0 : la répartition de la couleur des yeux des Normands est conforme à celle de la population française.

- Statistique de test :

$$K = \frac{(28-20)^2}{20} + \frac{(14-10)^2}{10} + \frac{(30-40)^2}{40} + \frac{(28-30)^2}{30} \simeq 9,43$$

- Nombre de degrés de liberté : $\nu = 4-1 = 3$.
- Au risque $\alpha = 0,05$, la valeur critique de rejet χ^2_α est égale à 7,815 pour 3 degrés de liberté.
- Conclusions : la valeur de la statistique de test (9,43) étant supérieure à la valeur de rejet (7,815), on rejette l'hypothèse nulle au risque 5%.

Homogénéité / Indépendance

I - Indépendance :

Dans l'exemple ci-dessus, on disposait d'un échantillon (une variable qualitative : la couleur des yeux Y) à plusieurs modalités.

Nous voulons maintenant étudier sur le même échantillon une deuxième variable qualitative (couleur des cheveux C) et évaluer le lien entre ces deux variables : autrement dit, y-a-t-il un lien entre la couleur des yeux et la couleur des cheveux ?

Remarque : ce n'est pas le même problème que le calcul de la covariance où les variables étaient **quantitatives** (ici, les deux variables sont **qualitatives**).

Comme dans le paragraphe précédent, nous allons donner un exemple concret qui nous permettra d'illustrer la théorie générale.

On dispose d'un échantillon d'individus (pas nécessairement des Normands !) dont on note les **effectifs observés** de ceux ayant une couleur des yeux et des cheveux données. Ces effectifs sont alors consignés dans un tableau à double entrée. On obtient ainsi l'exemple ci-dessous

Distribution des effectifs observés :

C \ Y	bleus	verts	marron	gris	Effectifs marginaux
Blonds	12	8	4	6	30
Bruns	5	5	20	10	40
Roux	7	11	7	5	30
Effectifs marginaux	24	24	31	21	Effectif total 100

Par exemple, 20 individus sont bruns aux yeux marron.

Les effectifs marginaux correspondent aux sommes des lignes ou des colonnes : ainsi, on enregistre 30 individus blonds et 19 aux yeux bleus.

Si les deux variables qualitatives (couleurs des yeux et des cheveux) **sont indépendantes**, on peut montrer que le tableau des effectifs attendus est le suivant :

Distribution des effectifs calculés (attendus, théoriques) :

(E.M=Effectifs marginaux)

C \ Y	bleus	verts	marron	gris	E.M
Blonds	7,2	7,2	9,3	6,3	30
Bruns	9,6	9,6	12,4	8,4	40
Roux	7,2	7,2	9,3	6,3	30
E.M	24	24	31	21	100

La démonstration de ce résultat (simple mais sans intérêt pour le PACES) utilise le résultat suivant que le lecteur admettra sans démonstration :

On obtient l'effectif calculé (**sous réserve d'indépendance des variables**) d'une cellule en multipliant les effectifs marginaux attachés à cette cellule puis en divisant par l'effectif total. Ainsi, l'effectif calculé de la cellule (yeux verts et cheveux roux, en bleu sur le tableau) est égal à

$$\frac{24 \times 30}{100} = \frac{72}{10} = 7,2$$

Comme dans le test du χ^2 de conformité, nous allons d'abord résoudre le cas général avant de revenir sur le traitement de ce cas particulier destiné à illustrer la méthode générale.

Généralisation

Soit donc deux variables qualitatives, X à k modalités $M_1, M_2, ..., M_i, ..., M_k$ et Y à l modalités $M'_1, M'_2, ..., M'_j, ..., M'_l$:

• Les effectifs **observés** $O_{i,j}$ de ces modalités dans la population sont connus (l'effectif $O_{i,j}$ correspond au nombre d'individus dont la variable X a la modalité M_i et Y la modalité M'_j).

On obtient alors le tableau suivant :

Distribution des effectifs observés (E.M=effectifs marginaux) :

X \ Y	M'_1	M'_2	...	M'_j	...	M'_l	E.M
M_1	$O_{1,1}$	$O_{1,2}$	...	$O_{1,j}$	...	$O_{1,l}$	$\sum_{j=1}^{l} O_{1,j}$
M_2	$O_{2,1}$	$O_{2,2}$	...	$O_{2,j}$	...	$O_{2,l}$	$\sum_{j=1}^{l} O_{2,j}$
...	...	...	...	...	...	...	...
M_i	$O_{i,1}$	$O_{i,2}$	...	$O_{i,j}$	...	$O_{i,l}$	$\sum_{j=1}^{l} O_{i,j}$
...	...	...	..	...	...	...	...
M_k	$O_{k,1}$	$O_{k,2}$	...	$O_{k,j}$	...	$O_{k,l}$	$\sum_{j=1}^{l} O_{k,j}$
E.M	$\sum_{i=1}^{k} O_{i,1}$	$\sum_{i=1}^{k} O_{i,2}$	...	$\sum_{i=1}^{k} O_{i,j}$	...	$\sum_{i=1}^{k} O_{i,l}$	$\sum_{i=1}^{k}\sum_{j=1}^{l} O_{i,j}$

• Les effectifs calculés $C_{i,j}$ sont déterminés à partir du tableau précédent par la formule suivante (si les variables X et Y sont indépendantes, à admettre sans démonstration) :

$$C_{i,j} = \frac{\left[\sum_{i=1}^{k} O_{i,j}\right] \cdot \left[\sum_{j=1}^{l} O_{i,j}\right]}{\sum_{i=1}^{k}\left[\sum_{j=1}^{l} O_{i,j}\right]}.$$

Le tableau des effectifs attendus a la même forme que celui des effectifs observés en remplaçant les $O_{i,j}$ par les $C_{i,j}$ calculés ci-dessus.

1. **Choix du risque α (en général 5%)**
2. **Les hypothèses**
   • Hypothèse nulle H_0 : la distribution **observée** est comparable à celle des effectifs **calculés** : on considère donc qu'il n'y a pas lieu de rejeter l'hypothèse d'indépendance entre les deux caractères étudiés (la dépendance n'est pas significative).
   • Hypothèse alternative H_1 : Les deux distributions sont significativement différentes : on considère alors que les variables ne sont pas indépendantes au risque α.
3. **Statistique de test**

   La statistique de test permettant de mesurer l'écart entre ces deux distributions (et qui permettra de décider si cette différence est significative) est la suivante :

$$K = \sum_{j=1}^{l}\left[\sum_{i=1}^{k} \frac{(O_{i,j} - C_{i,j})^2}{C_{i,j}}\right] \tag{7.17}$$

   Sous H_0, K obéit à une loi du χ^2 à $(k-1)(l-1)$ degrés de liberté (ddl).
4. **Conditions d'application**

   Les effectifs calculés (théoriques, attendus) doivent vérifier

$$\forall i, j, \quad C_{i,j} \geq 5$$

5. **Choix du risque α (en général 5%)**
6. **Intervalle de pari**

   Le risque α détermine, pour un certain ddl, une valeur critique χ^2_α, définie par (voir figure)

$$\text{Prob}\left[K \geq \chi^2_\alpha\right] = \alpha$$

   L'intervalle de pari de niveau $1-\alpha$ est donc l'intervalle

$$\text{IP}_{1-\alpha} = \left[0\,;\, \chi^2_\alpha\right]$$

   C'est l'intervalle dans lequel, **sous H_0** la statistique de test doit se trouver avec une probabilité $1-\alpha$.

7. **Stratégie (classique) adoptée**

   • $K < \chi^2_\alpha$: la statistique de test se trouve donc dans l'intervalle de pari $IP_{1-\alpha}$, ce qui était donc prévisible, sous H_0, avec une probabilité $1-\alpha$ (en général 95%). On n'a donc aucune raison de rejeter H_0 et on dira qu'*a priori*, la couleur des yeux et la couleur des cheveux sont indépendantes.

   Insistons : ce n'est pas un rejet de l'hypothèse H_1. On affirme seulement *qu'il n'y a aucune raison de rejeter* H_0 et donc de choisir H_1. Mais rappelons que cette affirmation a un risque (de deuxième espèce β) et résulte peut-être du choix d'un échantillon défavorable ou d'un défaut de puissance (cf. *infra*).

   • $K \geq \chi^2_\alpha$: la statistique de test se trouve donc à l'extérieur de l'intervalle de pari, ce qui ne devait se produire qu'avec une probabilité égale à α (en général 5%). On rejette alors l'hypothèse nulle comme non crédible au risque α et on adopte l'hypothèse alternative : les deux variables sont dépendantes.

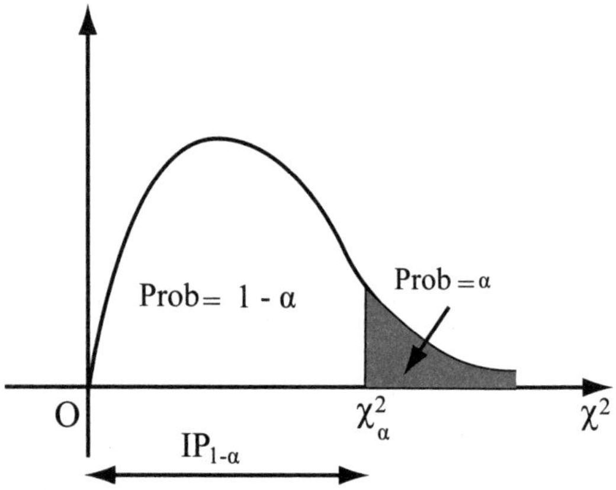

FIG. 7.5 – Représentation graphique de la probabilité $P[\chi^2 \geq \chi^2_\alpha] = \alpha$ (en grisé sur la figure).

8. **Retour à l'exemple numérique du début de ce paragraphe (couleur des yeux versus couleur des cheveux.)**

   • Hypothèse H_0 : la couleur des yeux est indépendante de celle des cheveux.
   • Statistique de test :

$$\begin{aligned}
K = {} & \frac{(12-7,2)^2}{7,2} + \frac{(8-7,2)^2}{7,2} + \frac{(4-9,3)^2}{9,3} + \frac{(6-6,3)^2}{6,3} \\
& + \frac{(5-9,6)^2}{9,6} + \frac{(5-9,6)^2}{9,6} + \frac{(20-12,4)^2}{12,4} + \frac{(10-8,4)^2}{8,4} \\
& + \frac{(7-7,2)^2}{7,2} + \frac{(11-7,2)^2}{7,2} + \frac{(7-9,3)^2}{9,3} + \frac{(5-6,3)^2}{6,3} \simeq 18,65
\end{aligned}$$

   • Nombre de degrés de liberté : $\nu = (4-1)(3-1) = 6$.

• Au risque $\alpha = 0,05$, la valeur critique de rejet χ^2_α est égale à 12,59 pour 6 degrés de liberté.
• Conclusion : la valeur de la statistique de test (18,65) étant supérieure à la valeur de rejet (12,59), on rejette l'hypothèse nulle au risque 5%, c'est-à-dire que la couleur des yeux n'est pas indépendante de celle des cheveux (on s'en doutait un peu...)

Remarque

En PACES, les étudiants n'ont, sauf pour quelques facultés qui font exception, plus droit aux calculettes. Or, les calculs ci-dessus, bien que simples, peuvent s'avérer longs et fastidieux ce qui s'accommode mal d'un QCM très limité dans le temps.

Si donc une question est posée sur ce thème, les calculs devraient être élémentaires, ou le professeur devrait donner le résultat du calcul de K, évitant à l'étudiant une démarche longue et laborieuse.

II - Homogénéité :

Revenons à la couleur des yeux . On se demande si celle-ci est différente entre les Normands et les Corses. Donc, on dispose de 2 échantillons sur lesquels on examine le même caractère (couleur des yeux) et on se demande s'il y a une différence significative entre les observations des deux échantillons. Il s"agit donc d'un problème **d'homogénéité** des populations par rapport à la couleur des yeux.

On peut ramener ce test à un test d'indépendance : la couleur des yeux est-elle indépendante de l'échantillon ? On obtient donc un tableau à double entrée dans lequel une des variables est la couleur des yeux et l'autre, l'échantillon étudié (Corses ou Normands). En terme de calculs, la démarche est la même que celle développée dans le cas de l'étude d'indépendance : nous ne la développerons donc pas en cours (mais voir exercices).

EXERCICES

7.4 Questions à choix multiples

QCM 1

En statistique des tests

A) Le risque α de première espèce est le risque d'accepter l'hypothèse alternative à tort.

B) Le risque α de première espèce est le risque de ne pas rejeter l'hypothèse nulle à tort.

C) Le risque α de première espèce est le risque de rejeter H_0 à tort.

D) Le risque α de première espèce est le risque de rejeter l'hypothèse H_1 à tort.

E) Aucune des propositions ci-dessus ne correspond au risque de première espèce.

QCM 2

En notant RH_0 l'événement "rejet de H_0", on peut dire que

A) $\alpha = p(H_0/H_1)$ (= probabilité de ne pas rejeter H_0 alors que H_1 est vraie).

B) $\alpha = p(H_1/H_0)$.

C) $\alpha = p(RH_0/H_0)$.

D) Le risque β est la probabilité de ne pas rejeter H_0.

E) Le risque β est le risque de rejeter H_1 à tort.

QCM 3

Concernant les tests statistiques

A) La puissance est la probabilité de rejeter l'hypothèse nulle à tort.

B) La puissance est la probabilité de ne pas rejeter l'hypothèse nulle à juste titre.

C) La puissance est d'autant plus importante que le risque de première espèce est faible.

D) La puissance est le risque de ne pas rejeter H_0 à tort.

E) Toutes les propositions ci-dessus sont fausses.

QCM 4

Concernant les tests d'homogénéité des moyennes

A) On compare la moyenne d'un échantillon à celle d'une population.

B) On compare les proportions de deux échantillons.

C) Ils supposent que les effectifs des deux échantillons soient supérieurs ou égaux à 30.

D) Ils supposent que la variable quantitative de la population soit normale.

E) Toutes les propositions ci-dessus sont fausses.

QCM 5

Quelles sont les propositions exactes ?

A) Dans un test de conformité, on compare deux paramètres observés.

B) Dans un test de conformité, on compare une valeur observée à une valeur de référence.

C) Dans un test de conformité, on compare une valeur observée à une valeur théorique.

D) Un test de séries appariées s'apparente à un test de conformité.

E) Un test de séries appariées s'apparente à un test d'homogénéité.

QCM 6

Quelles sont les propositions exactes ?

A) Un test sur des séries appariées fait intervenir 1 échantillon sur lequel sont effectuées 2 mesures.

B) Un test de conformité fait intervenir 1 échantillon sur lequel est effectué 1 mesure d'un paramètre.

C) Un test d'homogénéité fait intervenir 2 échantillons sur lesquels on effectue 1 mesure d'un paramètre.

D) Un test de conformité ne fait intervenir qu'un échantillon.

E) Toutes les propositions ci-dessus sont exactes.

QCM 7

Un "laboratoire" propose sur internet des comprimés d'aspirine® contenant en moyenne 1g d'acide acétylsalicylique.

Pour vérifier qu'il n'y a pas de fraude, un service de vérification achète en ligne 49 comprimés. À la suite de dosages appropriés, il trouve une quantité moyenne de 0,9g et un écart-type estimé égal à 0,2g.

A) Il s'agit d'un test d'homogénéité.

B) Il s'agit d'un test de conformité.

C) Le contrôle qualité compare une valeur observée à une valeur théorique.

D) Le contrôle qualité compare les valeurs de 2 échantillons.

E) Le contrôle qualité compare deux valeurs observées.

QCM 8 (suite du QCM 7)

Pour pouvoir effectuer le test :

A) La variable X (masse d'acide acétylsalicylique) doit être normale.

B) Il n'est pas nécessaire que la variable X soit normale.

C) On doit connaître l'écart-type théorique.

D) L'intervalle de pari utilise la loi normale N(0,1).

E) L'intervalle de pari doit utiliser les tables de Student à faible nombre de ddl.

QCM 9 (suite du QCM 8)

On choisit le risque $\alpha = 0,05$

A) La statistique de test devra appartenir à l'intervalle $[-1,96 \ ; \ +1,96]$

B) L'hypothèse nulle est : il n'y a pas de fraude.

C) L'hypothèse nulle est : les comprimés de l'échantillon ne sont pas conformes à l'annonce du laboratoire.

D) Si le z_{obs} est dans l'intervalle de pari, on dira qu'il n'y a pas fraude.

E) Si le z_{obs} est à l'extérieur de l'intervalle de pari, on dira que la fraude est avérée.

QCM 10 (suite du 9 et fin de l'exercice)

Pour pouvoir conclure, on procède alors au test

A) On utilise pour cela

$$z_{obs} = \frac{|1 - 0,9|}{\frac{0,2}{7}}$$

B) L'hypothèse nulle est : $0,9 = 1$.

C) La différence observée est significative.

D) Le degré de signification p est inférieur à 0,01.

E) On ne rejette pas H_0.

QCM 11

On pense que les Japonais (qui mangent beaucoup de poisson) ont moins de cholestérol que les Français (beaucoup moins raisonnables).

Pour corroborer cette hypothèse, on étudie un groupe de 100 Français, dont le taux moyen de cholestérol est mesuré égal à 2 g.L^{-1} et un groupe de 100 Japonais dont le taux moyen de cholestérol est mesuré égal à 1,9 g.L^{-1}.

Dans les deux cas, la variance estimée vaut s^2=0,08 g^2.L^{-2}.

A) On va procéder à un test de conformité.

B) On va procéder à un test d'homogénéité des moyennes.

C) On peut procéder au test approprié car il y a égalité des variances.

D) On compare deux paramètres observés.

E) La statistique de test obéira à la loi normale N(0,1)

QCM 12

Sous H_0

A) La statistique de test a pour réalisation

$$z_{obs} = \frac{|2 - 1,9|}{\frac{\sqrt{0,08}}{10}}$$

B)

$$z_{obs} = \frac{|2 - 1,9|}{\sqrt{\frac{0,16}{100}}}$$

C) L'hypothèse nulle stipule que les Japonais et les Français ont une cholestérolémie (taux de cholestérol dans le sang) comparable, au risque choisi.

D) Au risque 0,05, on conclut à une différence significative.

E) Au risque 0,01, on conclut à une différence significative.

QCM 13

Environ 30% (proportion notée p) des individus de la population fument. On donne un traitement(type patch) à 25 personnes prises au hasard et on constate au bout d'une année que seulement $f = 20\%$ de ces personnes sont des fumeurs(-euses).

A) Pour voir si ce traitement a été efficace, on procède à un test de conformité de proportions.

B) Sous H_0 (les proportions sont les mêmes aux fluctuations d'échantillonnage près), la statistique de test n'obéira pas à la loi normale car $n = 25 < 30$.

C) Sous H_0, la statistique de test obéira à la loi normale.

D) La statistique de test est

$$z_{obs} = \frac{|f - p|}{\sqrt{\frac{f(1 - f)}{n}}}$$

E) Il faut comparer $25 \times 0,2$ à la valeur 5.

QCM 14 (suite du QCM 13 et fin de l'exercice)

On choisit un risque α égal à 0,05

A) La réalisation de la statistique de test vaut $z_{obs} < 1,25$.

B) La réalisation de la statistique de test vaut $z_{obs} = 1,25$.

C) Le test permet d'établir une différence significative entre le groupe de 25 personnes et la population.

D) Le test ne permet pas de voir de différence significative au risque 5% entre le groupe des 25 personnes et le reste de la population.

E) La différence observée est due au hasard.

QCM 15

On souhaite comparer la glycémie des habitants du Sud de la France à celle des habitants septentrionaux (Nord).

Pour cela, on dispose de 21 méridionaux (Sud) et de 31 habitants du Nord, tous pris au hasard. Les résultats sont les suivants :

Glycémie moyenne dans le groupe Sud mesurée égale à 1g.L^{-1} avec une variance estimée de 0,09.

Glycémie moyenne dans le groupe Nord mesurée égale à 1,1g.L^{-1} avec une variance estimée de 0,16. On se propose de réaliser un test pour décider si les glycémies sont, ou non, significativement différentes.

A) Il s'agit d'un test de conformité des moyennes.

B) Il s'agit d'un test d'homogénéité des moyennes.

C) On a affaire à 2 moyennes observées.

D) On a affaire à 2 moyennes théoriques.

E) La statistique de test obéira à la loi normale.

QCM 16 (suite du QCM 15)

A) L'hypothèse H_1 stipule que les groupes du Nord et du Sud ont une glycémie comparable (au risque choisi).

B) La statistique de test obéit à une loi normale.

C) La glycémie peut ne pas être une variable normale.

D) On ne peut continuer le test car les variances estimées ne sont pas égales.

E) Toutes les réponses ci-dessus sont fausses.

QCM 17 (suite du QCM 16 et fin de l'exercice)

La glycémie est une variable gaussienne (cas des variables physiologiques en général). On admet de plus l'égalité des variances.

A) Ces conditions sont nécessaires et suffisantes pour continuer le test.

B) La statistique de test que l'on doit choisir est donnée par la formule :

$$Z = \frac{\overline{X}_A - \overline{X}_B}{\sqrt{\dfrac{s^2}{n_A} + \dfrac{s^2}{n_B}}}$$

C) La statistique de test que l'on doit choisir est donnée par la formule :

$$Z = \frac{\overline{X}_A - \overline{X}_B}{\sqrt{\frac{s_A^2}{n_A} + \frac{s_B^2}{n_B}}}$$

D) La valeur estimée de la variance est environ 0,13.

E) La statistique de test obéit à la loi de Student à 50 ddl.

Explications ITEM D :

La valeur estimée s^2 a pour expression

$$s^2 = \frac{(n_A - 1)s_A^2 + (n_B - 1)s_B^2}{n_A + n_B - 2}$$

soit

$$s^2 = \frac{20.0,09 + 30.0,16}{50} = \frac{1,8 + 4,8}{50} = \frac{6,6}{50} = \frac{13,2}{100} = 0,132$$

QCM 18

On considère cent personnes choisies au hasard dans une région de France. Pour chaque individu, on enregistre sa taille et son poids. Pour établir une corrélation entre ces deux paramètres

A) On peut envisager un calcul de coefficient de corrélation.

B) Si l'on trouve un coefficient de corrélation égal à 0,8, on conclut que ces deux variables sont fortement corrélées.

C) On peut tester la dépendance entre ces deux variables par un test du χ^2

D) On peut procéder à un test de conformité des moyennes.

E) La corrélation (positive) de ces variable proche de 1 ce qui traduit une forte dépendance.

QCM 19

On considère cent personnes choisies au hasard dans une région de France. Pour chaque individu, on enregistre la couleur de ses cheveux (3 possibilités) et celle de ses yeux (5 possibilités). Nous ne précisons pas les types de possibilités.

A) On peut procéder à un test du χ^2 de conformité à 15 ddl.

B) On peut procéder à un test du χ^2 d'indépendance à 15 ddl.

C) On peut procéder à un test de comparaison des proportions à 8 ddl.

D) La valeur critique de rejet dans le cas d'un test du χ^2 est égale à 15,5 au risque 0,05.

E) Les effectifs observés sont tous supérieurs à 5 : on peut donc procéder à un test du χ^2.

CORRIGÉS

QCM 1 A,C

En statistique des tests

A) Le risque α de première espèce est le risque d'accepter l'hypothèse alternative à tort. **VRAI.**

B) Le risque α de première espèce est le risque de ne pas rejeter l'hypothèse nulle à tort. **FAUX.**

C) Le risque α de première espèce est le risque de rejeter H_0 à tort. **VRAI.**

D) Le risque α de première espèce est le risque de rejeter l'hypothèse H_1 à tort. **FAUX.**

E) Aucune des propositions ci-dessus ne correspond au risque de première espèce. **FAUX.**

Rappel de cours et explications

Le risque α de première espèce est la probabilité de rejeter H_0 (hypothèse nulle), et donc d'accepter H_1 (hypothèse alternative) à tort.

- Les items A et C sont donc vrais.
- L'item B correspond au risque β de deuxième espèce. Il est donc faux.
- L'item D est faux car on ne rejette jamais H_1 (les tests sont construits pour rejeter H_0) : et de toutes manières, même bien libellé ("ne pas rejeter H_0), cela aurait été le risque de seconde espèce.

QCM 2 B,C

En notant RH_0 l'événement "rejet de H_0", on peut dire que

A) $\alpha = p\ (H_0/H_1)$ (= probabilité de ne pas rejeter H_0 alors que H_1 est vraie). **FAUX : c'est le risque β de deuxième espèce.**

B) $\alpha = p\ (H_1/H_0)$ **VRAI : par définition.**

C) $\alpha = p\ (RH_0/H_0)$. **VRAI : cette proposition est équivalente à celle de l'item B.**

D) Le risque β est la probabilité de ne pas rejeter H_0. **FAUX : de ne pas rejeter H_0 *à tort.***

E) Le risque β est le risque de rejeter H_1 à tort. **FAUX : de ne pas rejeter H_0 à tort. Insistons : on ne rejette jamais H_1.**

QCM 3 E

Concernant les tests statistiques

A) La puissance est la probabilité de rejeter l'hypothèse nulle à tort.
FAUX : c'est le risque α de première espèce).

B) La puissance est la probabilité de ne pas rejeter l'hypothèse nulle à juste titre.

FAUX de rejeter.

C) La puissance est d'autant plus importante que le risque de première espèce est faible.

FAUX : plus α choisi est faible, moins on a de risque de rejeter H_0, et donc plus le risque de ne pas rejeter H_0 est grand. Donc, α et β varient en sens inverse. Dans ces conditions, α et la puissance P= $1-\beta$ varient dans le même sens.

Plus directement, plus α est faible, plus la probabilité de rejeter H_0 (quelles qu'en soient les conditions) est faible, car l'intervalle de pari de niveau $1-\alpha$ est d'autant plus grand : donc α et P varient dans le même sens.

D) La puissance est le risque de ne pas rejeter H_0 à tort.

FAUX : c'est le risque β de deuxième espèce.

E) Toutes les propositions ci-dessus sont fausses. **VRAI.**

QCM 4 E

Concernant les tests d'homogénéité des moyennes

A) On compare la moyenne d'un échantillon à celle d'une population.

FAUX : les tests d'homogénéité concernent 2 échantillons et non un échantillon et une population entière de référence.

B) On compare les proportions de deux échantillons.

FAUX : attention au texte. On compare des moyennes (variable quantitative) et non des proportions (variable qualitative).

C) Ils supposent que les effectifs des deux échantillons soient supérieurs ou égaux à 30.

FAUX : même si l'un des effectifs est inférieur ou égal à 30, on peut faire un test de Student à condition de supposer en plus l'égalité des variances.

D) Ils supposent que la variable quantitative de la population soit normale.

FAUX : la normalité n'est requise que si l'un des effectifs est trop faible (< 30).

E) Toutes les propositions ci-dessus sont fausses.

VRAI.

QCM 5 B,C,D

Quelles sont les propositions exactes ?

A) Dans un test de conformité, on compare deux paramètres observés.

FAUX : cela concerne les tests d'homogénéité (par exemple pour une moyenne ou proportion).

B) Dans un test de conformité, on compare une valeur observée à une valeur de référence.

VRAI : cette dernière est la valeur théorique de la population.

C) Dans un test de conformité, on compare une valeur observée à une valeur théorique.

VRAI : c'est la même chose. Valeurs de référence (ou théorique) se réfèrent à la population.

D) Un test de séries appariées s'apparente à un test de conformité

VRAI : voir cours (d'ailleurs, des séries appariées ne font intervenir qu'un seul échantillon sur lequel on effectue 2 mesures).

E) Un test de séries appariées s'apparente à un test d'homogénéité.

FAUX : voir D.

QCM 6 A,B,C,D,E

Quelles sont les propositions exactes ?

A) Un test sur des séries appariées fait intervenir 1 échantillon sur lequel sont effectuées 2 mesures.

VRAI.

B) Un test de conformité fait intervenir 1 échantillon sur lequel est effectué 1 mesure d'un paramètre.

VRAI.

C) Un test d'homogénéité fait intervenir 2 échantillons sur lesquels on effectue 1 mesure d'un paramètre.

VRAI.

D) Un test de conformité ne fait intervenir qu'un échantillon.

VRAI

E) Toutes les propositions ci-dessus sont exactes.

VRAI.

Remarque importante

Ce QCM est fondamental dans la mesure où il permet de ne pas se tromper dans le choix du test, comme nous le verrons dans les QCMs ci-après. Il faut de plus bien se rappeler les "équivalences" suivantes

$$\text{échantillon} \iff \text{paramètre observé}$$

$$\text{population} \iff \text{paramètre théorique (ou de référence)}$$

et

$$\text{conformité} \iff \text{échantillon vs population}$$

$$\text{homogénéité} \iff \text{échantillon vs échantillon}$$

QCM 7 B,C

Un "laboratoire" propose sur internet des comprimés d'aspirine® contenant en moyenne 1g d'acide acétylsalicylique.

Pour vérifier qu'il n'y a pas de fraude, un service de vérification achète en ligne 49 comprimés. À la suite de dosages appropriés, il trouve une quantité moyenne de 0,9 g et un écart-type estimé égal à 0,1g

A) Il s'agit d'un test d'homogénéité.
FAUX.

B) Il s'agit d'un test de conformité.
VRAI : voir explications.

C) Le contrôle qualité compare une valeur observée à une valeur théorique.
VRAI : voir explications.

D) Le contrôle qualité compare les valeurs de 2 échantillons.
FAUX : 1 échantillon et une référence (servant de "population").

E) Le contrôle qualité compare deux valeurs observées.
FAUX : il n'y a qu'un échantillon.

Explications La valeur annoncée par le fabricant du web est une valeur théorique qui joue le rôle d'une population de référence. Les 49 comprimés achetés constituent un unique échantillon sur lequel on effectue une mesure conduisant à une valeur observée 0,9g que l'on va comparer à la valeur théorique 1g. Il s'agit donc d'un test de conformité (1 échantillon versus la population).

QCM 8 (suite du QCM 7) B,D

Pour pouvoir effectuer le test :

A) La variable X (masse d'acide acétylsalicylique) doit être normale.
FAUX seulement si n<30.

B) Il n'est pas nécessaire que la variable X soit normale.
VRAI : car l'effectif de l'échantillon est supérieur à 30 (égal à 49).

C) On doit connaître l'écart-type théorique.
FAUX : s'il n'est pas connu (ce qui est le cas), on peut lui substituer l'écart-type estimé de l'échantillon.

D) L'intervalle de pari utilise la loi normale N(0,1).
VRAI : car $n = 49 > 30$

E) L'intervalle de pari doit utiliser les tables de Student à faible nombre de ddl.
FAUX : seulement si $n < 30$.

QCM 9 (suite du QCM 8) A,B

On choisit le risque $\alpha = 0,05$.

A) La statistique de test devra appartenir à l'intervalle $[-1,96\ ;\ +1,96]$
VRAI : voir cours.

B) L'hypothèse nulle est : il n'y a pas de fraude.
VRAI : il n'y a pas de différence entre les valeurs observées et les valeurs de référence.

C) L'hypothèse nulle est : les comprimés de l'échantillon ne sont pas conformes à l'annonce du laboratoire.
FAUX : voir item B.

D) Si le z_{obs} est dans l'intervalle de pari, on dira qu'il n'y a pas fraude.

FAUX : on ne rejette jamais H_1 (qui stipule qu'il y a probablement fraude). Mais on accorde le bénéfice du doute au fabricant vendeur sur internet, car ce test ne permet pas de conclure.

E) Si le z_{obs} est à l'extérieur de l'intervalle de pari, on dira que la fraude est avérée.

FAUX : elle est probable à 95%, mais il est possible (5% de chances) qu'il n'y ait pas de fraude et que l'on ait choisi un mauvais échantillon. Il faudra probablement faire d'autres essais.

Commentaires

Insistons bien sur les points suivants (quitte à "rabâcher"), valables pour tous les types de tests :

1. Un test ne permet jamais d'affirmer quoi que ce soit avec certitude : on prend toujours un risque de se tromper (et chacun est libre de choisir ce risque).
2. Sous cette réserve, le test est fait pour rejeter H_0, mais pas pour rejeter H_1.

   Poussons un peu le raisonnement : imaginons que je sois à titre personnel persuadé de la fraude d'un organisme. J'effectue donc un test : manque de "chance" pour moi, il ne me permet pas de conclure au rejet de H_0 (c'est-à-dire que je ne peux conclure à la fraude). Comme je suis obstiné, je procède à un autre test plus puissant, espérant cette fois-ci confondre l'organisme. Encore une fois, c'est l'échec. Et mon aveuglement (ou ma hargne, c'est souvent la même chose) peuvent me conduire à ne pas "jeter l'éponge" et à m'enfermer dans mes certitudes (puisqu'au fond, on n'est jamais sûr à 100% de la conclusion de ce genre de test : en effet, il faudrait tester tous les comprimés, et donc détruire tout le stock !). Je vais donc persister et effectuer d'autres tests !

   Il existe ainsi des individus ou des groupes d'individus qui n'admettent jamais s'être trompés, quelles que soient les garanties qui leur sont apportées dès lors qu'elle vont à l'encontre de leur intime conviction...
3. Dans le même exemple que le précédent, le z_{obs} est par exemple supérieur à 1,96 : je triomphe, mais seulement à 95%, et j'ai encore 5% de risque d'accuser à tort(risque de première espèce).

QCM 10 (suite du 9 et fin de l'exercice) A,B,C,D

Pour pouvoir conclure, on procède alors au test

A) On utilise pour cela

$$z_{obs} = \frac{|1 - 0,9|}{\frac{0,1}{7}}$$

VRAI : comme on ne connaît pas l'écart-type de la population, on le remplace par l'écart)type estimé s donné dans le texte.

B) L'hypothèse nulle est : $0,9 = 1$.

VRAI : il faut comprendre par là que la différence n'est pas significative au risque 5%.

C) La différence observée est significative.

VRAI : un calcul immédiat conduit à $z_{obs} = 7 > 1,96$.. On est (largement) dans la zone de rejet et on conclut à la fraude au risque 5% (le test unilatéral n'est pas ici envisagé).

D) Le degré de signification p est inférieur à 0,01.

VRAI : cette valeur conduirait à $u_\alpha = 2,57$, toujours inférieur à 7, ce qui conduirait encore à un rejet de H_0.

E) On ne rejette pas H_0.

FAUX : voir C.

QCM 11 B,D,E

On pense que les Japonais (qui mangent beaucoup de poisson) ont moins de cholestérol que les Français (moins raisonnables).

Pour corroborer cette hypothèse, on étudie un groupe de 100 Français, dont le taux moyen de cholestérol est mesuré égal à 2 g.L^{-1} et un groupe de 100 Japonais dont le taux moyen de cholestérol est mesuré égal à 1,9 g.L^{-1}.

Dans les deux cas, la variance estimée vaut s^2=0,08 g^2.L^{-2}.

A) On va procéder à un test de conformité.

FAUX : cela supposerait 1 seul échantillon comparé à une population entière.

B) On va procéder à un test d'homogénéité des moyennes.

VRAI : 2 échantillons, variable quantitative.

C) On peut procéder au test approprié car il y a égalité des variances.

FAUX : l'égalité des variances n'est pas requise dans le cas d'effectifs tous deux supérieurs à 30. De plus, lorsque l'on parle de cette égalité, on fait référence à l'égalité des variances exactes des populations, et non à celle de leurs variances estimées.

D) On compare deux paramètres observés.

VRAI : on n'a aucune information concernant les taux dans la population.

E) La statistique de test obéira à la loi normale N(0,1).

VRAI : car les 2 effectifs sont tous deux supérieurs à 30.

QCM 12 B,C,D,E

Sous H_0

A) La statistique de test a pour réalisation

$$z_{obs} = \frac{|2 - 1,9|}{\dfrac{\sqrt{0,08}}{10}}$$

FAUX : voir item B.

B) $$z_{obs} = \frac{|2 - 1,9|}{\sqrt{\dfrac{0,16}{100}}}$$

VRAI : voir explications.

C) L'hypothèse nulle stipule que les Japonais et les Français ont une cholestérolémie (taux de cholestérol dans le sang) comparable, au risque choisi.

VRAI : la différence observée ne serait pas significative.

D) Au risque 0,05, on conclut à une différence significative.

VRAI : voir explications.

E) Au risque 0,01, on conclut à une différence significative.

VRAI : voir explications.

Explications

La statistique de test pour un test d'homogénéité entre 2 échantillons A et B est égale à

$$Z = \frac{|\overline{X_A} - \overline{X_B}|}{\sqrt{\frac{s_A^2}{n_A} + \frac{s_B^2}{n_B}}}$$

Dans le cas présent, la réalisation de cette statistique a pour valeur :

$$z_{obs} = \frac{|2 - 1,9|}{\sqrt{\frac{0,08}{100} + \frac{0,08}{100}}} = \frac{0,1}{\sqrt{\frac{0,16}{100}}} = \frac{0,1 \,.\, 10}{0,4} = 2,5$$

Si l'on accepte un risque de 0,05, cette valeur est supérieure à 1,96, et il y a donc rejet (les valeurs sont significativement différentes dans 95% des cas). Si l'on accepte un risque de 0,01, cette valeur est inférieure (de peu !) à la valeur limite 2,57 (voir tables) et on ne rejette pas H_0, car la différence n'est plus significative.

Remarque :

On voit bien sur cet exemple que le risque β dépend du risque choisi α : supposons en effet que les Japonais aient une cholestérolémie inférieure à celle des Français (ce qui est le cas !). On voit que l'on conclut correctement avec un risque α égal à 0,05, alors que l'on commet une erreur de deuxième espèce en voulant minimiser le risque à 0,01.

Pour être plus précis, si α diminue, la valeur u_α augmente (et donc l'intervalle), et la probabilité de ne pas rejeter H_0 augmente, en particulier β.

QCM 13 A,C

Environ 30% (proportion notée p) des individus de la population fument. On donne un traitement (type patch) à 25 personnes prises au hasard et on constate au bout d'une année que seulement $f = 20\%$ de ces personnes sont des fumeurs(-euses).

A) Pour voir si ce traitement a été efficace, on procède à un test de conformité de proportions.

VRAI : on compare la proportion observée (20%) sur l'échantillon de 25 personnes) à la proportion théorique (30%) de la population.

B) Sous H_0, la statistique de test n'obéira pas à la loi normale car $n = 25 < 30$.

FAUX : cette condition est requise dans le cas de test sur les moyennes.

C) Sous H_0, la statistique de test obéira à la loi normale.

VRAI car $np = 25 . 0,3 = 7,5 > 5$.

D) La statistique de test est

$$z_{obs} = \frac{|f - p|}{\sqrt{\frac{f(1-f)}{n}}}$$

FAUX : il s'agit de la statistique

$$z_{obs} = \frac{|f - p|}{\sqrt{\frac{p(1-p)}{n}}}$$

E) Il faut comparer $25 \times 0,2$ à la valeur 5.

FAUX : c'est la proportion théorique et non la fréquence observée qui intervient dans ce calcul.

QCM 14 (suite du QCM 13 et fin de l'exercice) A,D,E

On choisit un risque α égal à 0,05.

A) La réalisation de la statistique de test vaut $z_{obs} < 1,25$.

VRAI : voir explications.

B) La réalisation de la statistique de test vaut $z_{obs} = 1,25$.

FAUX : voir item A.

C) Le test permet d'établir une différence significative entre le groupe de 25 personnes et la population.

FAUX : comme 1,25 est inférieur à 1,96, on ne rejette pas H_0.

D) Le test ne permet pas de voir de différence significative au risque 5% entre le groupe des 25 personnes et le reste de la population.

VRAI : voir C (on ne rejette pas H_0.)

E) La différence observée est due au hasard.

VRAI : ou aux fluctuations d'échantillonnage, si l'on préfère.

Explications

$$z_{obs} = \frac{|f - p|}{\sqrt{\frac{p(1-p)}{n}}} = \frac{|0,2 - 0,3|}{\sqrt{\frac{0,3 \times 0,7}{25}}} = \frac{0,1}{\sqrt{\frac{21}{2500}}}$$

soit

$$z_{obs} = \frac{0,1 \times 50}{\sqrt{21}} = \frac{5}{\sqrt{21}} < \frac{5}{\sqrt{16}} = \frac{5}{4} = 1,25$$

Le résultat $z_{obs} = 1,25$ (égalité rigoureuse) correspond au choix incorrect de l'item D du QCM 13.

QCM 15 B,C

On souhaite comparer la glycémie des habitants du Sud de la France à celle des habitants septentrionaux (Nord).

Pour cela, on dispose de 20 méridionaux (Sud) et de 40 habitants du Nord, tous pris au hasard. Les résultats sont les suivants :

Glycémie moyenne dans le groupe Sud mesurée égale à 1g.L^{-1} avec une variance estimée de 0,09 g^2.L^{-2}.

Glycémie moyenne dans le groupe Nord mesurée égale à 1,1g.L^{-1} avec une variance estimée de 0,16 g^2.L^{-2}. On se propose de réaliser un test pour décider si les glycémies sont, ou non, significativement différentes :

A) Il s'agit d'un test de conformité des moyennes.
FAUX : voir B (il faudrait comparer 1 échantillon à une population de référence.

B) Il s'agit d'un test d'homogénéité des moyennes.
VRAI : 2 échantillons, 1 mesure.

C) On a affaire à 2 moyennes observées.
VRAI : les valeurs observées concernent les échantillons.

D) On a affaire à 2 moyennes théoriques.
FAUX : de telles moyennes concernent des populations.

E) La statistique de test obéira à la loi normale.
FAUX : car un des effectifs est inférieur à 30.

QCM 16 (suite du QCM 15) E

A) L'hypothèse H_1 stipule que les groupes du Nord et du Sud ont une glycémie comparable (au risque choisi).
FAUX : c'est l'hypothèse H_0 (homogénéité des échantillons).

B) La statistique de test obéit à une loi normale.
FAUX : à une loi de Student, sous conditions (voir ci-dessous).

C) La glycémie peut ne pas être une variable normale.
FAUX : c'est nécessaire pour continuer le test.

D) On ne peut continuer le test car les variances estimées ne sont pas égales.
FAUX : l'égalité des variances concerne les variances des populations, et non leurs variances estimées à partir d'échantillons.

E) Toutes les réponses ci-dessus sont fausses.
VRAI.

QCM 17 (suite du QCM 16 et fin de l'exercice) A,B,D,E

La glycémie est une variable gaussienne (cas des variables physiologiques en général). On admet de plus l'égalité des variances.

A) Ces conditions sont nécessaires et suffisantes pour continuer le test.
VRAI : car l'un des effectifs est inférieur à 30.

B) La statistique de test que l'on doit choisir est donnée par la formule :

$$Z = \frac{\overline{X}_A - \overline{X}_B}{\sqrt{\frac{\mathrm{s}^2}{n_A} + \frac{\mathrm{s}^2}{n_B}}} \tag{7.18}$$

VRAI : voir cours formule (7.11).

C) La statistique de test que l'on doit choisir est donnée par la formule :

$$Z = \frac{\overline{X}_A - \overline{X}_B}{\sqrt{\frac{\mathrm{s}_A^2}{n_A} + \frac{\mathrm{s}_B^2}{n_B}}} \tag{7.19}$$

FAUX : on prend cette formule quand les 2 effectifs sont tous deux supérieurs à 30, voir cours formule (7.10).

D) La valeur estimée de la variance est environ 0,13.

VRAI : voir explication ci-dessous.

E) La statistique de test obéit à la loi de Student à 50 ddl.

VRAI : $\nu = n_A + n_B - 2$ (voir cours).

Explications ITEM D :

La valeur estimée s^2 a pour expression (formule (7.12)).

$$s^2 = \frac{(n_A - 1)s_A^2 + (n_B - 1)s_B^2}{n_A + n_B - 2}$$

soit

$$s^2 = \frac{20.0,09 + 30.0,16}{50} = \frac{1,8 + 4,8}{50} = \frac{6,6}{50} = \frac{13,2}{100} = 0,132$$

QCM 18 A,E

On considère cent personnes choisies au hasard dans une région de France. Pour chaque individu, on enregistre sa taille et son poids. Pour établir une corrélation entre ces deux paramètres :

A) On peut envisager un calcul de coefficient de corrélation.

VRAI.

B) Si l'on trouve un coefficient de corrélation égal à 0,8, on conclut que ces deux variables sont fortement corrélées.

FAUX : il faut encore tester statistiquement ce coefficient.

C) On peut tester la dépendance entre ces deux variables par un test du χ^2.

FAUX : aucun rapport. Le test du χ^2 ne se fait que pour des variables qualitatives.

D) On peut procéder à un test de conformité des moyennes.

FAUX : aucun sens (on ne compare pas la moyenne des tailles à celles des poids).

E) La corrélation (positive) de ces variable proche de 1 ce qui traduit une forte dépendance.

VRAI : l'implication marche dans ce sens (si les variables étaient indépendantes, la corrélation serait proche de 0).

QCM 19 D

On considère cent personnes choisies au hasard dans une région de France. Pour chaque individu, on enregistre la couleur de ses cheveux (3 possibilités) et celle de ses yeux (5 possibilités). Nous ne précisons pas les types de possibilités.

A) On peut procéder à un test du χ^2 de conformité à 15 ddl.

FAUX indépendance à 8 ddl.

B) On peut procéder à un test du χ^2 d'indépendance à 15 ddl.

FAUX.

C) On peut procéder à un test de comparaison des proportions à 8 ddl.

FAUX : on ne peut envisager un test de proportion que s'il n'y a que 2 modalités. Par ailleurs, le nombre de ddl n'est pas alors égal à 8 mais à 1.

D) La valeur critique de rejet dans le cas d'un test du χ^2 est égale à 15,5 au risque 0,05.

VRAI, car $\nu = 8$, voir tables en annexes.

E) Les effectifs observés sont tous supérieurs à 5 : on peut donc procéder à un test du χ^2.

FAUX : ce sont les effectifs calculés qui doivent être supérieurs à 5.

Chapitre 8

Éléments d'épidémiologie

COURS

L'épidémiologie est l'étude de la fréquence des maladies à un instant donné (prévalence) , de l'évolution de cette fréquence dans le temps (taux d'incidence) et des facteurs environnants ou de comportement influant sur ces paramètres (facteurs de risques, de protection, etc.).

Par ailleurs, les tests diagnostiques permettront, entre autres, des techniques de dépistage d'une maladie dans une population, et la confirmation de diagnostics de maladies.

Nous commençons par étudier le type d'enquêtes permettant d'établir des statistiques épidémiologiques : on distingue essentiellement deux grands types d'études épidémiologiques :

1. les études d'observation,
2. les études d'expérimentation.

8.1 Études observationnelles

8.1.1 Études descriptives

Elles se contentent de donner quelques indicateurs dits **indicateurs de santé**.

Prévalence

C'est le résultat d'une **étude transversale, c'est-à-dire à un instant donné t (photographie de l'état de santé de la population).**

D'une manière générale, on considère une population de N individus, contenant un nombre M de malades **à un instant donné.**

La prévalence de la maladie dans la population est la proportion de malades dans cette population à cet instant :

$$\boxed{p(M) = \frac{M}{N} = \frac{\text{Nombre de malades}}{\text{Population totale}}} \tag{8.1}$$

Bien entendu, il s'agit là d'une valeur théorique à laquelle on n'a pas accès (comptabilité trop compliquée si population d'effectif trop important).

On procèdera donc à ces calculs sur des échantillons issus de la population et supposés représentatifs de cette population (tirage au sort, notamment).

Et comme c'est une proportion, la prévalence pourra être estimée soit ponctuellement, soit par intervalle de confiance comme nous l'avons vu au chapitre de l'estimation.

- **Avantages** : rapide et simple, moindre coût.
- **Inconvénients** : ne donne aucune information chronologique (instantané). Donc, pas d'information sur l'incidence (ci-dessous) ni sur les liens entre les facteurs de risques (si toutefois on les a seulement répertoriés) et la maladie.

Incidence

Fait intervenir une cohorte descriptive (une cohorte est un groupe d'individus dont on assure un suivi, choisis de façon pertinente, par tirage au sort notamment (mais il y a d'autres critères dont la liste dépend de chaque professeur)).

C'est une notion **longitudinale**, c'est-à-dire qu'elle dépend de l'écoulement du temps.

L'incidence de la maladie dans la population : c'est le nombre de **nouveaux** malades apparaissant dans la population de sujets exposée à la maladie pendant la durée d'observation ("personnes×temps").

Classiquement, cette incidence est calculée pour 100 000 habitants et par an.

$$\boxed{I = \frac{\dot{M}}{n}} \tag{8.2}$$

où $\dot{M}$ est la variation du nombre de malades par rapport au temps.

Pratiquement, on utilise la "formule"

$$\boxed{I = \frac{\text{Nouveaux malades}}{\Delta n.\Delta t}} \tag{8.3}$$

où Δn est le nombre de sujets exposés à la maladie auquel on se réfère (100 000 en général) et Δt la durée d'observation.

Remarque 1 : l'incidence (ou le taux d'incidence, puisque qu'il s'agit d'une variation par unité de temps) apparaît ainsi comme une **vitesse d'apparition de la maladie (pour un certain nombre d'individus)**.

Remarque 2 : tout comme la prévalence, l'incidence dans la population source peut être estimée ponctuellement ou par intervalle de confiance à partir d'un échantillon.

8.1.2 Facteurs de risque et indicateurs de risque

Facteurs de risque (ou d'exposition)

Définition

Ce sont des facteurs présumés influer sur la probabilité d'apparition de la maladie (en l'augmentant ou en la diminuant).

Le mot risque est ici ambigu : il peut correspondre à un vrai risque (augmentant la vitesse d'apparition de la maladie) ou au contraire à un rôle protecteur (retardant l'apparition de la maladie).

Donnons deux exemples :

1. le tabac est un facteur de (vrai) risque dans les maladies cardio-vasculaires,
2. une activité sportive (raisonnable) serait un facteur protecteur pour ces mêmes maladies cardio-vasculaires.

Dans le paragraphe qui suit, nous allons définir des paramètres permettant de quantifier la corrélation entre ces facteurs et l'apparition des maladies. Mais il faut bien comprendre que la mise en évidence d'un lien (association) entre un facteur de risque et une maladie n'implique pas une relation de causalité entre le facteur et la maladie : mais c'est tout de même une présomption qui peut conduire ensuite à de plus amples investigations.

Nous verrons plus loin que la **causalité ne peut être mise en évidence qu'au cours d'études d'expérimentation** (cf. infra).

Indicateurs de risque

Nous examinerons les deux principaux : **risque relatif et odds-ratio.**

Nous n'envisageons ici qu'un type de maladie (ex : emphysème) et un seul facteur d'exposition (ex : tabagisme). Considérons une population exposée à ce facteur de risque, comportant un certain nombre de malades, liés ou non à ce facteur.

Les effectifs sont résumés dans le tableau suivant :

Distribution des effectifs observés :

Exposition \ État	Malades	Non malades	Total
Exposés	a	b	a+b
Non exposés	c	d	c+d
Total	a+c	b+d	Effectif total a+b+c+d

1. **Risque absolu (de la maladie) chez les sujets exposés**

   C'est la quantité
   $$R_e = \frac{a}{a+b}$$
   C'est donc la **probabilité** d'être malade si on est **exposé** au facteur (présumé) de risque.

   C'est aussi l'incidence de la maladie I_e chez les individus exposés.

2. **Risque absolu (de la maladie) chez les sujets non exposés**

   C'est la quantité
   $$R_{ne} = \frac{c}{c+d}$$
   C'est donc la **probabilité** d'être malade si l'on n'est **pas exposé** au facteur (présumé) de risque.

   C'est aussi l'incidence de la maladie I_{ne} chez les individus exposés.

   Ce dernier risque correspond à un risque **de base**, c'est-à-dire qu'on le court même si on n'est pas exposé au facteur de risque.

   Prenons un exemple "guerrier" (l'auteur de ces lignes n'exprime ici aucune opinion ni goût personnels).

   Sur 10000 soldats engagés dans une opération militaire extérieure, on enregistre en moyenne 50 infarctus par an. Peut-on en déduire que le stress (présumé) de l'engagement militaire est à l'origine d'un risque d'infarctus du myocarde ?

   Pour pouvoir répondre à cette question, il faut également évaluer le **risque de base** : autrement dit, quel serait le nombre annuel d'infarctus d'un groupe de 10000 militaires en situation de réserve, c'est-à-dire non engagés militairement ? Si ce nombre est égal à 49, peut-on vraiment dire que c'est le "stress guerrier" qui est responsable de ces infarctus ? d'où la nécessité de la définition qui suit :

3. **Risque relatif**

   Par définition : c'est le rapport de ces **probabilités**. Soit
   $$\boxed{RR = \frac{\dfrac{a}{a+b}}{\dfrac{c}{c+d}} = \frac{I_e}{I_{ne}}} \tag{8.4}$$
   Si par exemple le RR vaut 2, cela signifie que la probabilité d'être malade si l'on est exposé est *a priori* 2 fois plus importante si l'on est exposé au facteur d'exposition que si l'on n'y est pas exposé.

   Quelques remarques s'imposent :

   (a) **Remarque 1** : en réalité, la valeur du RR ainsi trouvée n'est pas suffisante pour conclure à un véritable lien : elle doit être confortée statistiquement. Il faut ensuite en tester la significativité (à partir d'un intervalle de confiance à 95% dont la donnée doit accompagner la valeur de RR).

Dans ces conditions,

i. si 1 est inférieur à $IC_{95\%}$, alors RR est significativement supérieur à 1 ce qui correspond à un **facteur de risque** (au vrai sens du mot risque=danger),

ii. si 1 est supérieur à $IC_{95\%}$, alors RR significativement inférieur à 1 ce qui correspond à un **facteur protecteur**,

iii. si 1 appartient à $IC_{95\%}$, RR n'est pas significativement différent de 1 et ne peut être considéré comme un facteur de risque.

Remarque : on peut également tester la comparaison de RR à 1 par un test du χ^2.

(b) **Remarque 3** : une valeur de RR différente de 1 ne traduit pas nécessairement (dans uns sens ou dans l'autre) un lien de causalité entre l'apparition de la maladie et l'exposition au facteur étudié. Tout au plus peut-on en déduire une **association** entre facteur et maladie et une **présomption** quand à une éventuelle causalité : la mise en évidence certaine d'une **causalité** suppose des protocoles que nous examinerons plus loin.

(c) **Remarque 4** : le risque relatif ne donne aucun renseignement sur **l'intensité** du risque à être ou non exposé au facteur étudié. Par exemple, si un facteur de risque fait apparaître un Re égal à 0,5 et un Rne égal à 0,1, il y a 5 fois plus de risque dans le cas d'une exposition que dans celui d'une non exposition. On aurait la même conclusion avec un Re égal à 0,05 et un Rne égal à 0,01 : pourtant, le niveau du risque est 10 fois plus élevé dans le premier cas !

4. **Odds-ratio**

Ce n'est pas un rapport de probabilités, mais un rapport de cotes (traduction anglo-saxonne : "odds ratio"). Il s'agit d'un rapport de "chances". Ainsi, dans la formule ci-dessous, $\frac{a}{b}$ est la **cote** de la maladie (par rapport à la non maladie) chez les sujets exposés, alors que $\frac{c}{d}$ est la même cote chez les sujets non exposés.

Par définition :

$$\boxed{OR = \frac{\frac{a}{b}}{\frac{c}{d}}} \tag{8.5}$$

Si l'on trouve par exemple que OR=2, cela signifie que l'on a 2 fois plus de "chances" d'être malade chez les exposés que chez les non exposés.

Là encore, quelques remarques s'imposent :

(a) **Remarque 1** : RR et OR traduisent des conclusions assez proches en général : toutefois, l'odds ratio peut s'écarter notablement du risque relatif. En effet, dans le **cas général** :

$$OR = RR.B$$

où B est un facteur de biais **propre à l'OR** : nous ne développerons pas ces questions (jamais traitées en PACES !).

(b) **Remarque 2** : le RR est la grandeur la plus utilisée en épidémiologie. Pourquoi alors s'encombrer de l'OR ?

Tout simplement parce que l'on a signalé dans le paragraphe précédent que les études cas-témoins (très fréquentes) ne se prêtaient pas aux calculs de RR.

(c) **Remarque 3** : d'ailleurs, il est facile de voir à partir des formules proposées que, **si la prévalence de la maladie est faible, on a RR $\simeq$ OR.**

OR remplacera donc RR dans les études cas-témoins.

Ces indicateurs de risques sont évalués a partir de divers types d'enquêtes que nous abordons maintenant.

8.1.3 Études analytiques

On les appelle aussi études étiologiques (mais nous n'aimons pas trop ce qualificatif qui laisse penser qu'il y a nécessairement une relation de cause à effet entre maladie et facteur d'exposition).

Ce sont des enquêtes longitudinales (écoulement du temps sur une certaine durée).

On distingue essentiellement deux grands types d'études analytiques :

En terme de niveau de preuve, on a la hiérarchie suivante :

Études descriptives < Études analytiques < études expérimentales

et, à l'intérieur des études analytiques,

Études cas-témoins < Études de cohorte exposés-non exposés

1-Enquêtes cas-témoins

Elles permettent l'étude du lien **entre un ou plusieurs facteurs et UNE maladie.**

Ce sont des enquêtes **rétrospectives** : on dispose d'un échantillon de malades (cas) et d'un autre échantillon de non malades (témoins) qui ont été ou non exposés à un (ou plusieurs) facteurs de risque.

Remarque 1 : pratiquement, on utilise de 1 à 4 cas témoins pou chaque cas.

Remarque 2 : comme toujours, les cas et les témoins sont obtenus par tirage au sort. À partir de ces observations, on peut définir des grandeurs (odds ratio) associant un risque entre facteurs d'exposition et maladie. Ces études *a posteriori* permettent éventuellement de s'intéresser à des maladies rares.

1. **Avantages :**

   1) Comme il s'agit **d'études rétrospectives**, on n'a pas à envisager de suivi de patients (rapide, pas de perdus de vue), ni d'effectifs importants (coût réduit).

2) Possibilité d'étudier le lien entre un ou plusieurs facteurs de risque et une maladie rare.

2. **Inconvénients** :

   La détermination du risque relatif RR passe par celle des risques absolus (qui sont des incidences, nécessitant des études de cohorte (cf.infra), ce qui exclut les études cas-témoins : **les études cas-témoins ne permettent pas d'obtenir un RR** (d'ailleurs, on ne peut définir de prévalence puisque les nombres de malades et de non malades sont *a priori* fixés par l'expérimentateur).

   Si donc on ne dispose que d'une étude cas-témoins, on approximera le RR par l'odds-ratio, avec plus ou moins de rigueur : en effet, si la prévalence est importante, OR assez sensiblement différent de RR.

   Ces études ne sont pas adaptées à la soumission à des expositions rares, ni à plusieurs maladies à la fois.

   Ces études ne donnent évidemment pas d'information sur les durées exposition-maladie.

2-Enquêtes exposées-non exposées (étude de cohorte)

Elles permettent l'étude du lien entre un facteur et une (ou plusieurs) maladie(s).

Ce sont des études **prospectives**, impliquant un suivi de 2 groupes (cohortes) :

1. **Exposés à 1 facteur (fumeurs, par exemple)**
2. **Non exposés à ce facteur (non fumeurs)**

On étudie alors, pour chaque groupe, l'apparition d'une (ou plusieurs) maladie(s) pendant une durée donnée.

Ces enquêtes permettent le calcul du risque relatif (que l'on préférera à l'odds ratio) : dans ce cas, chaque valeur du risque devra être accompagnée de son $IC_{95\%}$ (cf. supra).

Ces études permettent de mesurer l'influence d'un facteur sur une ou plusieurs maladies.

1. **Avantages :**
   (a) adaptées à l'étude des facteurs de risques rares (sur éventuellement plusieurs maladies)
   (b) bonne fiabilité (biais faibles), niveau de preuve assez élevé.
2. **Inconvénients :**
   (a) inadaptées à l'études de maladies rares
   (b) études longues
   (c) coût élevé
   (d) un seul facteur de risque.

Choix des cohortes : comme toujours, il suppose 2 tirages au sort, aussi bien pour les exposés que les non-exposés, avec en plus des critères d'inclusion et d'exclusion pertinents (que nous ne détaillons pas, car développés différemment par chaque professeur).

Mais on peut comprendre que, pour pouvoir définir un lien de causalité, il faut un essai contrôlé, c'est-à-dire que l'expérimentateur contrôle les doses auxquelles sont soumis les exposés, ce qui présente des impossibilités éthiques : par exemple, si l'on veut évaluer le lien entre tabagisme et apparition d'un emphysème, va-t-on demander aux "exposés" de doubler, puis tripler etc. leur consommation de tabac pour étudier le rapport effet-dose ?

8.2 Les études expérimentales

Ce sont des études destinées à établir un lien de causalité entre un facteur et un résultat.

Il est assez difficile d'organiser de telles études dans le cadre de facteurs de risques associés à une maladie : en effet, si l'on veut par exemple établir un lien entre le contact avec l'amiante et l'apparition de cancers de la plèvre, va-t-on faire respirer de l'amiante à des "volontaires" (éventuellement sans leur accord si l'on travaille en aveugle) pour en mesurer l'effet plusieurs années après ? (et, cerise sur le gâteau, en augmentant les doses pour évaluer l'accroissement de l'effet en fonction de celui de la dose !)

On voit bien les limites éthiques de ce genre d'études (et ce ne sont pas les seules.) : on se bornera donc, dans ce type de recherche, à des enquêtes d'observations sur les humains, ou à des enquêtes expérimentales sur des modèles mammifères animaux présumer réagir de manière analogue à celle des humains (avec bien sûr d'inévitables marges d'erreur).

Un des cas où de telles études peuvent être menées chez l'Homme sans que cela pose trop de problèmes éthiques (mais il y en a toujours) est le cas des essais thérapeutiques où l'on compare l'efficacité de deux traitements (nouveau médicament vs ancien médicament ou placebo, médicament vs régime alimentaire, médicament vs chirurgie, chirurgie type 1 vs chirurgie type 2, etc.)

Nous allons nous limiter aux essais thérapeutiques comparatifs entre deux médicaments (mais les méthodes sont généralisables), et pour cela rappeler quelques résultats pharmacologiques qui seront utiles aux étudiants pour préparer l'UE6.

8.2.1 Notions sur la mise au point d'un médicament

Vous verrez en cours de pharmacologie (UE6) que la mise au point d'un médicament est un processus long (au moins 5 ans) et très coûteux de l'ordre du milliard d'euros). Nous allons l'aborder succinctement (ce sera beaucoup plus détaillé en UE6).

Elle comporte une **phase pré-clinique sur des modèles animaux**, suivie de **4 phases cliniques (sur les humains)**.

A- Phase pré-clinique

Elle est **obligatoire**, et se fait donc sur des **animaux**.

Objectif essentiel : évaluer la **dose maximum tolérée** (ce qui conduit malheureusement à sacrifier des animaux).

Par la suite, les doses imposées à l'Homme seront largement inférieures à cette dose maximale !

B- Phases cliniques

On distingue 4 phases cliniques. Détaillons-les rapidement :

1. **Phase I** : essentiellemnent
   (a) mesure de **tolérance/toxicité**
   (b) recherche des **effets secondaires**
   (c) **pharmacocinétique et pharmacodynamique**. Cette phase se fait sur de petits effectifs ($\leqslant 50$) de sujets sains volontaires (ou de sujets malades volontaires n'ayant plus d'autre solution pour une éventuelle guérison ou rémission).
2. **Phase II** : détermination de la meilleure **dose efficace**. Les effectifs sont plus importants ($\leqslant 100$) et portent sur des sujets malades.
3. **Phase III** : c'est la phase **comparative** entre l'ancien médicament (ou le placebo) et le nouveau proposé. C'est cette phase qui fera l'objet de notre étude thérapeutique (ci-dessous). Les effctifs deviennent importants (plusieurs milliers) et sont constitués de sujets malades, les uns soumis au nouveau médicament et les autres à l'ancien (ou au placebo).
4. **Phase IV** : **pharmacovigilance :** se fait après mise sur le marché (grands effectifs). On étudie d'éventuels effets secondaires non encore répertoriés, et même des accidents.

8.2.2 Étude thérapeutique de phase III

Dans ces essais, on considère un groupe (assez important) de sujets malades. On souhaite comparer sur eux un nouveau traitement, comparativement à un ancien médicament (ou à un placebo, c'est-à-dire un médicament factice, sans principe actif).

Le groupe est partagé en deux :

1. Les sujets du premier groupe bénéficieront du nouveau traitement.
2. Les sujets du second groupe seront soumis à l'ancien médicament, ou à défaut, au placebo.

Le choix des groupes se fait au hasard (**randomisation**), et à l'insu des patients : c'est-à-dire que les patients eux-mêmes ne savent pas à quel traitement ils sont soumis (élimination de tout paramètre psychologique).

Le personnel de santé est lui-même souvent ignorant de qui va prendre quoi.

Autrement dit, seul l'expérimentateur sait quels sont les patients qui ont pris le nouveau médicament. On dit que l'on procède à un protocole en **double aveugle** (ou en double insu).

Dans cet **essai thérapeutique**, le dosage du médicament est **contrôlée** à chaque instant par l'expérimentateur, contrairement aux protocoles d'observation où l'organisateur ne peut pas influer sur ce dosage (tabagisme par exemple).

8.3 Les tests diagnostiques

Pour **confirmer avec certitude** une maladie chez un patient, il existe certains **tests de référence** (dits **gold standard**). Par exemple, une biopsie permettra de confirmer ou d'infirmer l'existence d'une tumeur.

Ces tests sont très fiables, mais présentent les inconvénients majeurs suivants : ils sont souvent

- lourds
- coûteux
- inconfortables, voire douloureux
- risqués.

Il peut donc être intéressant de les remplacer par des **tests diagnostiques**[1]

Prenons un exemple : après examens cliniques approfondis et interrogatoire, un médecin soupçonne chez son patient la présence de polypes intestinaux, source de cancer du côlon. Pour s'en assurer (ou pour s'assurer du contraire, ce qui rassurerait définitivement son patient), il fait pratiquer une coloscopie (examen du gros intestin via une camera qui parcourt le côlon, après vidage (ou vidange, comme on préfère !) et nettoyage de ce dernier). La coloscopie est ici un gold standard (permettra de conclure à près de 100%).

Mais ce protocole est lourd (s'effectue en milieu hospitalier), coûteux et un peu risqué (anesthésie générale).

Comme le cancer du côlon est particulièrement meurtrier (16 000 morts chaque année en France), il peut être intéressant de faire préalablement du dépistage : il n'est bien sûr pas question de faire subir une coloscopie à toute la population (même en se limitant à la population "à risque"). On fait donc appel à des tests plus légers dits tests diagnostiques : le plus connu est le test Hemocult® qui détecte la présence de sang dans les selles. Ce test est peu coûteux, sans danger, et non douloureux. Mais il est moins fiable que la coloscopie.

Dans un deuxième temps, on pourra bien sûr faire pratiquer une coloscopie aux patients (beaucoup moins nombreux) présentant des traces de sang dans les selles (test positif).

8.3.1 Définition

Un test diagnostique est une méthode permettant d'affiner la probabilité de l'existence supposée d'une maladie chez un patient.

Insistons bien : on parle ici de **probabilité** (le test n'est donc pas totalement fiable) et non de **certitude** (cas du gold standard). Le test diagnostique est donc un compromis entre la nécessaire et légitime information et le coût (pécuniaire, humain, etc.) de cette information.

Un test diagnostique peut dès lors avoir deux fonctions principales :

[1] Ne pas confondre l'adjectif "diagnostique" avec le substantif "diagnostic" : ainsi, un test diagnos**tique** peut confirmer un diagnos**tic** ou permettre un dépistage (cette remarque vaut également pour la distinction entre l'adjectif "pronostique" et le substantif "pronostic").

1. conforter (mais avec moins de certitudes que dans le cas d'un gold standard) le diagnostic d'une maladie suspectée chez un patient qui en présente les symptômes (ex : test de confirmation VIH),
2. permettre le dépistage d'une maladie chez des patients asymptomatiques (ex : test Hemocult® permettant le dépistage de sang dans les selles (voir c–dessus)).

8.3.2 Sensibilité-Spécificité

Nous adopterons pour la suite de ce cours les notations suivantes :

• M l'événement " le sujet est malade" et $\overline{M}$ l'événement contraire (sujet sain),
• S (comme "signe") l'événement "le test est positif" et $\overline{S}$ le test est négatif.

1. **Sensibilité S_e du test** : c'est la probabilité, notée Se, que le test soit positif lorsque le sujet est malade. On écrira :

$$\boxed{Se = p(S/M)} \tag{8.6}$$

   Remarque : plus cette sensibilité est importante, plus la probabilité d'avoir des **faux négatifs** est faible car alors $p(\overline{S}/M)$ est d'autant plus faible.

   Dans une campagne de **dépistage** où il faut justement ne pas laisser "passer" un malade, on privilégiera un test de **forte sensibilité** (et de forte VPN, cf. infra).

2. **Spécificité S_p du test** : c'est la probabilité, notée Sp, que le test soit négatif lorsque le sujet est sain. On a donc :

$$\boxed{Sp = p(\overline{S}/\overline{M})} \tag{8.7}$$

   Remarque : plus cette spécificité est importante, plus la probabilité d'avoir des **faux positifs** est faible car alors $p(S/\overline{M})$ est d'autant plus faible.

   Dans un but de **confirmation de diagnostic** où il faut justement ne pas traiter un non malade (le traitement peut être agressif), on privilégiera un test de **forte spécificité** (et de forte VPP, cf. infra).

8.3.3 Valeurs prédictives

Un des buts principaux des tests est de pouvoir affirmer (avec le minimum de risques) qu'un sujet est malade si le test est positif et sain dans le cas contraire : bien entendu, ces réponses ne seront jamais sûres à 100% (contrairement aux tests de référence ou gold standard). Le test devient alors prédictif.

D'où les définitions :

1. **La valeur prédictive positive VPP du test** : c'est la probabilité, notée p(M/S), que le sujet soit malade si le test est positif.

2. **La valeur prédictive négative VPN du test** : c'est la probabilité, notée $p(\overline{M}/\overline{S})$,que le sujet soit sain si le test est négatif.

Enfin, rappelons que **la prévalence p** est la proportion p(M) de malades dans la population (c'est donc également la probabilité qu'un individu soit malade dans cette population).

Nous recommandons aux étudiants de savoir refaire rapidement les calculs ci-dessous permettant d'établir les expressions des VPP et VPN.

- **Valeur prédictive positive**

$$VPP = p(M/S) = \frac{p(M \cap S)}{p(S)} = \frac{p(S/M).p(M)}{p(S)}$$

Il reste à évaluer p(S). La formule (2.14) des probabilités totales nous donne :

$$p(S) = p(S/M).p(M) + p(S/\overline{M}).p(\overline{M})$$

Soit finalement

$$\boxed{VPP = \frac{p.S_e}{p.S_e + (1-p)(1-S_p)}} \tag{8.8}$$

puisque $p(\overline{M}) = 1 - p(M) = 1 - p$ et $p(S/\overline{M}) = 1 - p(\overline{S}/\bar{M}) = 1 - Sp$.

- **Valeur prédictive négative**

$$VPN = p(\overline{M}/\overline{S}) = \frac{p(\bar{M} \cap \overline{S})}{p(\overline{S})}$$

Nous laissons au lecteur le soin d'établir la formule

$$\boxed{VPN = \frac{(1-p).S_p}{(1-p).S_p + p.(1-S_e)}} \tag{8.9}$$

Remarque 1 : nous avons encadré ces formules pour la clarté du texte mais aussi parce que certains professeurs, et donc pas tous, exigent leur connaissance par coeur.
Remarque 2 : Ces formules s'appliquent à tout problème de dépistage, que ce soit pour une maladie, ou pour une grossesse, un état d'ébriété, etc.

8.3.4 Courbes ROC (Receiver Operating Characteristic)

Inventées d'abord à des fins militaires (seconde guerre mondiale), les courbes ROC illustrent l'efficacité d'un test relatif à un facteur pronostique binaire.

On s'intéressera à des **tests avec seuil** : par exemple, on dira que le test VIH est positif au-dessous d'un taux de lymphocytes T4, que le test de grossesse est positif au-dessus d'un taux sanguin de hCG, etc.

Il se pose alors toujours le problème du choix du seuil : prenons l'exemple du diagnostic du SIDA :

- Si l'on veut être quasiment sûr du diagnostic, on peut choisir un seuil correspondant à un taux très bas de T4. Mais alors, on risque de laisser passer des malades dont le taux est plus élevé que le seuil choisi (faible sensibilité $\Longrightarrow$ faux négatifs) ce qui est évidemment très grave pour le patient.

• Si au contraire on veut ne rien laisser passer, on définira le seuil à un taux assez élevé : le test sera bien sûr plus sensible, mais peu spécifique, et risque ainsi de déclarer malades des sujets qui ne le sont pas (faible spécificité $\Longrightarrow$ faux positifs).

On voit donc que le choix du seuil conditionne les valeurs de la sensibilité et de la spécificité. On définit alors la fonction suivante : à chaque seuil choisi, on associe le point d'abscisse (1−Sp) et d'ordonnée Se.

On obtient ainsi la **courbe ROC** ci-dessous.

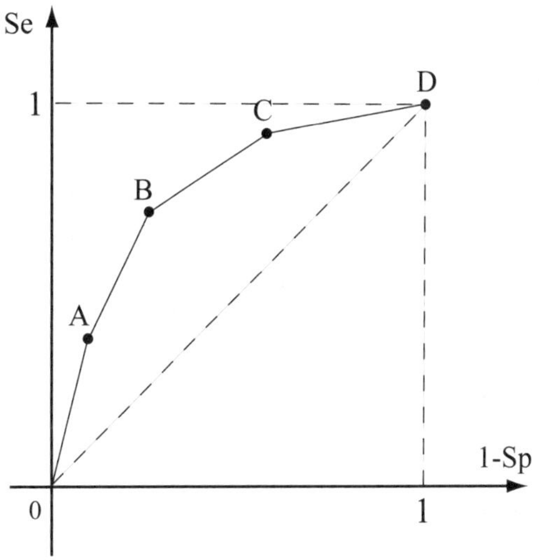

FIG. 8.1 – La courbe ROC : les points O,A,B,C et D délimitant les segments correspondent à différents seuils.

Commentaires

1. Point 0 : il correspond à une sensibilité nulle et à une spécificité maximale égale à 1 (c'est le contraire pour le point D).
2. Point A : faible sensibilité, bonne spécificité (contraire pour C).
3. Point B : c'est le meilleur compromis en terme de sensibilité et de spécificité.

Bien entendu, on choisira un test et un seuil conduisant le plus près possible du point de coordonnées (0,1) (Se=Sp=1).

EXERCICES

8.4 Questions à choix multiples

QCM 1

Concernant les indicateurs de santé

A) La prévalence s'obtient par une mesure transversale.

B) La prévalence s'obtient par une mesure longitudinale.

C) La prévalence peut s'estimer ponctuellement à partir d'un échantillon.

D) La prévalence peut s'estimer par intervalle de confiance.

E) La prévalence est un indicateur des enquêtes descriptives.

QCM 2

Concernant les indicateurs de santé

A) L'incidence s'obtient par une mesure transversale.

B) La prévalence donne une indication sur la vitesse d'apparition d'une maladie.

C) L'incidence est le rapport entre les malades et les personnes temps.

D) L'incidence ne modifie pas la prévalence.

E) Toutes les propositions ci-dessus sont fausses.

QCM 3

Concernant les indicateurs de risque

A) Le risque absolu chez les exposés est une incidence.

B) Le risque relatif peut être estimé par intervalle de confiance.

C) Si le risque relatif est inférieur à 1, le facteur d'exposition est un facteur protecteur.

D) Si l'intervalle de confiance est supérieur à la valeur 1, le facteur est protecteur.

E) Si l'intervalle de confiance ne contient pas la valeur 1, le facteur de risque est lié à l'apparition de la maladie.

QCM 4

À propos des types d'enquêtes

A) Les enquêtes transversales sont des enquêtes descriptives.

B) Les enquêtes longitudinales sont des enquêtes de cohorte.

C) Les enquêtes cas-témoins permettent le calcul du risque relatif.

D) L'odds ratio est une approximation du risque relatif aux faibles prévalences.

E) Le risque relatif évalue le degré de causalité entre un facteur et l'apparition de la maladie.

QCM 5

À propos des types d'enquêtes

A) Les enquêtes exposés-non exposés ne permettent pas le calcul du risque relatif.

B) Les enquêtes exposés-non exposés ne permettent pas le calcul de l'odds ratio.

C) Les enquêtes exposés-non exposés permettent le calcul du RR et de l'OR.

D) Les enquêtes exposés-non exposés sont des enquêtes transversales.

E) Les enquêtes exposés-non exposés sont des enquêtes prospectives.

QCM 6

À propos des types d'enquêtes

A) Les études de cohorte sont des études expérimentales.

B) Les études cas-témoins sont des études transversales.

C) Les études cas-témoins sont observationnelles.

D) Les études observationnelles permettent le calcul du risque relatif.

E) Les études expérimentales sont des études de cohorte.

QCM 7

On procède à une enquête cas-témoins dont les résultats sont donnés ci-dessous (exemple imaginaire)

Distribution des effectifs observés :

État / Exposition	Malades	Non malades
Exposés	8	2
Non exposés	2	13

A) La prévalence de la maladie est égale à $\frac{10}{25}$.

B) Il y a 15 sujets témoins.

C) Cette étude est prospective.

D) Cette étude nécessite un suivi.

E) Il faudra prendre en compte les "perdus de vue".

QCM 8 (suite du QCM 7)

On reprend les données précédentes

A) L'odds-ratio est égal à 26.

B) L'odds-ratio est égal à $\frac{8}{13}$.

C) L'odds-ratio est égal à $\frac{\frac{8}{2}}{\frac{2}{13}}$.

D) L'OR est une bonne approximation du risque relatif.

E) Le risque relatif n'existe pas car il s'agit d'une enquête cas-témoins.

QCM 9 (suite et fin de l'exercice)

Concernant l'étude qui vient d'être faite

A) Il s'agit d'une étude de cohorte cas-témoins.

B) Il s'agit d'une étude descriptive.

C) Il s'agit d'une étude d'observation.

D) Il s'agit d'une étude analytique.

E) Ce genre d'étude est fait en général en double aveugle.

QCM 10

On procède à une enquête transversale dont les résultats sont donnés ci-dessous (exemple imaginaire)

Distribution des effectifs observés :

État / Exposition	Malades	Non malades
Exposés	7	10
Non exposés	3	180

A) Il s'agit d'une étude observationnelle.

B) Il s'agit d'une étude descriptive.

C) Il s'agit d'une étude analytique.

D) Cette enquête est faite à un instant donné.

E) Cette enquête fait intervenir une cohorte.

QCM 11 (suite et fin du 10)

Quelles sont les propositions exactes ?

A) La prévalence de la population est égale à 5%

B) Le choix de l'échantillon a fait l'objet d'un tirage au sort.

C) Il s'agit d'une étude d'incidence.

D) La prévalence chez les exposés est estimée à $\frac{7}{17}$ et à $\frac{3}{183}$ chez les non exposés.

E) Ces études sont celles dont le niveau de preuve est le plus faible.

QCM 12

On procède à une enquête de cohorte exposés-non exposés dont les résultats sont donnés ci-dessous (exemple imaginaire.)

Distribution des effectifs observés :

Exposition \ État	Malades	Non malades
Exposés	10	90
Non exposés	10	390

A) Initialement, l'échantillon est constitué d'individus sains.

B) Il s'agit d'une étude d'observation.

C) Il s'agit d'une étude analytique.

D) Il s'agit d'une étude d'expérimentation.

E) Les études de cohorte permettent les essais thérapeutiques.

QCM 13 (suite et fin du QCM 12)

Quelles sont les propositions exactes ?

A) Le risque absolu de survenue de la maladie chez les exposés est le même que celui de tomber malade chez les non exposés.

B) L'incidence de la maladie chez les exposés est égale à 1% par an.

C) L'incidence de la maladie chez les exposés est égale à $\frac{1}{90}$ par an.

D) La valeur du risque relatif est égal à 5.

E) La valeur importante du RR est une présomption de causalité.

QCM 14

Quelles sont les propositions fausses

A) Les enquêtes cas-témoins sont adaptées à l'étude des maladies rares.

B) Les enquêtes cas-témoins sont adaptées à l'étude de l'influence de facteurs de risques rares.

C) Les enquêtes exposés-non exposés sont adaptées aux études de maladies rares.

D) Les enquêtes exposés-non exposés sont adaptées à l'étude de l'influence d'un facteur d'exposition rare.

E) Les études transversales sont une première approche pour des enquêtes plus poussées type cas-témoins ou exposés-non exposés (cohorte).

QCM 15

Quelles sont les propositions exactes ?

A) Dans le cadre d'un test de dépistage, on privilégie un test de bonne spécificité.

B) Dans le cadre d'un test de dépistage, on privilégie un test de bonne sensibilité.

C) Un bonne sensibilité diminue le nombre de faux positifs.

D) Un test très spécifique est requis dans un test diagnostique destiné à confirmer un diagnostic.

E) On privilégie en général un test très sensible et peu spécifique plutôt que l'inverse.

QCM 16

Concernant la courbe ROC

A) Les points d'ordonnée proche de 1 correspondent à une très bonne sensibilité.

B) Les points d'abscisse proche de 0 correspondent à une très bonne spécificité.

C) Les points d'ordonnée proche de 0 correspondent à une très bonne sensibilité.

D) Les points d'abscisse proche de 1 correspondent à une très bonne spécificité.

E) Un test est d'autant plus performant que l'aire sous la courbe (AUC) ROC est grande.

QCM 17

Concernant les tests

A) Un nouveau test doit être moins coûteux qu'un test déjà existant

B) Dans un test de dépistage, le coût d'un test n'est pas un paramètre majeur.

C) Un test sensible diminue le nombre de faux négatifs.

D) Un test doit être reproductible.

E) Un test diagnostique peut être douloureux et même risqué.

QCM 18

Concernant les essais thérapeutiques

A) Ils supposent une randomisation.

B) Ils se font toujours en double aveugle.

C) Ils se font toujours en simple aveugle.

D) Ils supposent le contrôle des doses par l'expérimentateur.

E) Ce sont des études d'observation.

CORRIGÉS

QCM 1 A,C,D,E

Concernant les indicateurs de santé

A) La prévalence s'obtient par une mesure transversale.

VRAI : cours.

B) La prévalence s'obtient par une mesure longitudinale.

FAUX : transversale.

C) La prévalence peut s'estimer ponctuellement à partir d'un échantillon.

VRAI.

D) La prévalence peut s'estimer par intervalle de confiance.

VRAI : comme toute proportion.

E) La prévalence est un indicateur des enquêtes descriptives.

VRAI.

QCM 2 E

Concernant les indicateurs de santé

A) L'incidence s'obtient par une mesure transversale.

FAUX : longitudinale.

B) La prévalence donne une indication sur la vitesse d'apparition d'une maladie.

FAUX : c'est un cliché et non un film !

C) L'incidence est le rapport entre les malades et les personnes temps.

FAUX : les nouveaux malades.

D) L'incidence ne modifie pas la prévalence.

FAUX : elle l'augmente puisque le nombre de malades augmente.

E) Toutes les propositions ci-dessus sont fausses.

VRAI.

QCM 3 A,B,D,E

Concernant les indicateurs de risque

A) Le risque absolu chez les exposés est une incidence.

VRAI : chez les exposés.

B) Le risque relatif peut être estimé par intervalle de confiance.

VRAI : cet intervalle doit toujours accompagner la valeur du risque relatif.

C) Si le risque relatif est inférieur à 1, le facteur d'exposition est un facteur protecteur.

FAUX : ce n'est pas suffisant. Il faut que cette valeur soit significativement inférieure à 1.

D) Si l'intervalle de confiance est supérieur à la valeur 1, le facteur est protecteur.

VRAI : voir cours.

E) Si l'intervalle de confiance ne contient pas la valeur 1, le facteur de risque est lié à l'apparition de la maladie.

VRAI : car alors, l'intervalle est inférieur à 1 (facteur de risque effectif) ou supérieur (facteur protecteur).

QCM 4 A,D

À propos des types d'enquêtes

A) Les enquêtes transversales sont des enquêtes descriptives.

VRAI : elles ne permettent pas d'étudier l'association facteur de risque-apparition de la maladie.

B) Les enquêtes longitudinales sont des enquêtes de cohorte.

FAUX : les études cas-témoins sont également longitudinales (restrospectives).

C) Les enquêtes cas-témoins permettent le calcul du risque relatif.

FAUX : seulement l'odds-ratio.

D) L'odds ratio est une approximation du risque relatif aux faibles prévalences.

VRAI.

E) Le risque relatif évalue le degré de causalité entre un facteur et l'apparition de la maladie.

FAUX : seulement une mesure de l'association entre facteur de risque et maladie.

QCM 5 C,E

À propos des types d'enquêtes

A) Les enquêtes exposés-non exposés ne permettent pas le calcul du risque relatif.

FAUX : voir C.

B) Les enquêtes exposés-non exposés ne permettent pas le calcul de l'odds ratio.

FAUX : voir C.

C) Les enquêtes exposés-non exposés permettent le calcul du RR et de l'OR.

VRAI.

D) Les enquêtes exposés-non exposés sont des enquêtes transversales.

FAUX : longitudinales.

E) Les enquêtes exposés-non exposés sont des enquêtes prospectives.

VRAI.

QCM 6 C,E

À propos des types d'enquêtes

A) Les études de cohorte sont des études expérimentales.

FAUX : les études exposés-non exposés sont des études de cohorte observationnelles.

B) Les études cas-témoins sont des études transversales.

FAUX : longitudinales.

C) Les études cas-témoins sont observationnelles.

VRAI.

D) Les études observationnelles permettent le calcul du risque relatif.

FAUX : pas les cas-témoin.

E) Les études expérimentales sont des études de cohorte.

VRAI.

QCM 7 B

On procède à une enquête cas-témoins dont les résultats sont donnés ci-dessous (exemple imaginaire)

Distribution des effectifs observés :

Exposition \ État	Malades	Non malades	Total
Exposés	8	2	10
Non exposés	2	13	15
Total	10	15	Effectif total 25

A) La prévalence de la maladie est égale à $\frac{10}{25}$.

FAUX : dans une enquête cas-témoins, les nombres de malades (cas) et de non malades (témoins), ici 10 et 15 respectivement, sont fixés par le protocole. Ils n'ont donc pas de rapport avec les proportions de la population.

B) Il y a 15 sujets témoins.

VRAI : et 10 cas.

C) Cette étude est prospective.

FAUX : rétrospective.

D) Cette étude nécessite un suivi.

FAUX : puisque ce n'est pas une étude prospective.

E) Il faudra prendre en compte les "perdus de vue".

FAUX : puisque les sujets que l'on étudie ne sont par définition pas perdus de vue.

QCM 8 (suite du QCM 7) A,C

On reprend les données précédentes

A) L'odds-ratio est égal à 26.

VRAI : $OR = \frac{8.13}{2.2}$.

B) L'odds-ratio est égal à $\frac{8}{13}$.

FAUX : voir A.

C) L'odds-ratio est égal à $\frac{\frac{8}{2}}{\frac{2}{13}}$.

VRAI.

D) L'OR est une bonne approximation du risque relatif.

FAUX : ce n'est vrai que si la prévalence est faible et nous n'avons aucune information à ce sujet.

E) Le risque relatif n'existe pas car il s'agit d'une enquête cas-témoins.

FAUX : il n'est pas calculable par les résultats de cette enquête (pas d'information sur l'incidence de la maladie). Mais le RR est calculable par d'autres types d'enquêtes (cohortes).

QCM 9 (suite et fin de l'exercice) C,D

Concernant l'étude qui vient d'être faite

A) Il s'agit d'une étude de cohorte cas-témoins.

FAUX : une cohorte suppose une étude prospective et non rétrospective.

B) Il s'agit d'une étude descriptive.

FAUX : analytique (ou étiologique).

C) Il s'agit d'une étude d'observation.

VRAI : ce sont les études descriptives et analytiques.

D) Il s'agit d'une étude analytique.

VRAI : voir B.

E) Ce genre d'étude est fait en général en double aveugle.

FAUX : cela n'a rien à voir (réservé aux études d'expérimentation).

QCM 10 A,B,D

On procède à une enquête transversale dont les résultats sont donnés ci-dessous (exemple imaginaire)

Distribution des effectifs observés :

État / Exposition	Malades	Non malades	Total
Exposés	7	10	17
Non exposés	3	180	183
Total	10	190	Effectif total 200

A) Il s'agit d'une étude observationnelle.

VRAI : voir cours.

B) Il s'agit d'une étude descriptive.

VRAI : voir cours.

C) Il s'agit d'une étude analytique.

FAUX : s'oppose à descriptif.

D) Cette enquête est faite à un instant donné.

VRAI : cliché des études transversales.

E) Cette enquête fait intervenir une cohorte.

FAUX : celles-ci sont des groupes de sujets suivis dans le temps (enquêtes longitudinales).

QCM 11 (suite et fin du 10) B,D,E

Quelles sont les propositions exactes ?

A) La prévalence de la population est égale à 5%.

FAUX : c'est la prévalence estimée.

B) Le choix de l'échantillon a fait l'objet d'un tirage au sort.

VRAI : pour être représentatif de la population.

C) Il s'agit d'une étude d'incidence.

FAUX : de prévalence (étude non longitudinale).

D) La prévalence chez les exposés est estimée à $\frac{7}{17}$ et à $\frac{3}{183}$ chez les non exposés.

VRAI.

E) Ces études sont celles dont le niveau de preuve est le plus faible.

VRAI.

QCM 12 A,B,C,E

On procède à une enquête de cohorte exposés-non exposés (durée du suivi = 10 ans) dont les résultats sont donnés ci-dessous.

Distribution des effectifs observés :

Exposition \ État	Malades	Non malades	Total
Exposés	10	90	100
Non exposés	10	390	400
Total	20	480	Effectif total 500

A) Initialement, l'échantillon est constitué d'individus sains.

VRAI : et on va comparer la survenue de la maladie chez les exposés et les non exposés.

B) Il s'agit d'une étude d'observation.

VRAI.

C) Il s'agit d'une étude analytique.

VRAI.

D) Il s'agit d'une étude d'expérimentation.

FAUX : voir E.

E) Les études de cohorte permettent les essais thérapeutiques.

VRAI : mais dans le cadre d'études expérimentales, pas dans celui d'études d'observation.

QCM 13 (suite et fin du QCM 12) B,E

Quelles sont les propositions exactes ?

A) Le risque absolu de survenue de la maladie chez les exposés est le même que celui de tomber malade chez les non exposés.

FAUX : il est 4 fois supérieur : $\frac{10}{100}$ **vs** $\frac{10}{400}$

B) L'incidence de la maladie chez les exposés est égale à 1% par an.

VRAI : ne pas oublier que l'on fait une étude sur 10 ans.

C) L'incidence de la maladie chez les exposés est égale à $\frac{1}{90}$ par an.

FAUX : il faut prendre en compte tous les exposés, malades ou non malades.

D) La valeur du risque relatif est égal à 5.

FAUX :

$$RR = \frac{I_E}{I_{NE}} = \frac{\frac{10}{100}}{\frac{10}{400}} = 4$$

De plus, cette valeur doit estimée statistiquement par un intervalle de confiance à 95%.

E) La valeur importante du RR est une présomption de causalité.

VRAI : mais qui devra être corroborée par une enquête expérimentale.

QCM 14 B,C

Quelles sont les propositions fausses ?

A) Les enquêtes cas-témoins sont adaptées à l'étude des maladies rares.

VRAI : puisque l'on peut choisir les "cas".

B) Les enquêtes cas-témoins sont adaptées à l'étude de l'influence de facteurs de risques rares.

FAUX : ce sont les enquêtes exposés-non exposés.

C) Les enquêtes exposés-non exposés sont adaptées aux études de maladies rares.

FAUX temps de latence trop long.

D) Les enquêtes exposés-non exposés sont adaptées à l'étude de l'influence d'un facteur d'exposition rare.

VRAI.

E) Les études transversales sont une première approche pour des enquêtes plus poussées type cas-témoins ou exposés-non exposés (cohorte).

VRAI.

Certains professeurs aiment bien demander les propositions FAUSSES : il faut donc être vigilant quant au texte, et c'est pourquoi nous le proposons de temps en temps (mais rarement, car ce n'est pas une généralité !)

QCM 15 B,D

Quelles sont les propositions exactes ?

A) Dans le cadre d'un test de dépistage, on privilégie un test de bonne spécificité.

FAUX : forte sensibilité.

B) Dans le cadre d'un test de dépistage, on privilégie un test de bonne sensibilité.

VRAI : pour éviter les faux-négatifs.

C) Un bonne sensibilité diminue le nombre de faux positifs.

FAUX : voir B.

D) Un test très spécifique est requis dans un test diagnostique destiné à confirmer un diagnostic.

VRAI : car cela limite les faux positifs.

E) On privilégie en général un test très sensible et peu spécifique plutôt que l'inverse.

FAUX : tout dépend du but recherché (dépistage ou confirmation diagnostique.

QCM 16 A,B,E

Concernant la courbe ROC

A) Les points d'ordonnée proche de 1 correspondent à une très bonne sensibilité.

VRAI : l'ordonnée vaut Se.

B) Les points d'abscisse proche de 0 correspondent à une très bonne spécificité.

VRAI : car $1-\mathrm{Sp} \simeq 0$.

C) Les points d'ordonnée proche de 0 correspondent à une très bonne sensibilité.

FAUX : voir A.

D) Les points d'abscisse proche de 1 correspondent à une très bonne spécificité.

FAUX : voir B.

E) Un test est d'autant plus performant que l'aire sous la courbe (AUC) ROC est grande.

VRAI : puisque les points seuils sont plus proches du point de coordonnées (0,1).

QCM 17 C,D

Concernant les tests

A) Un nouveau test doit être moins coûteux qu'un test déjà existant

FAUX : dans le cadre de la confirmation d'un diagnostic, il est fondamental que le test soit fiable, même si le coût est élevé.

B) Dans un test de dépistage, le coût d'un test n'est pas un paramètre majeur.

FAUX : ce genre de test se fait en général à grande échelle. Il n'est donc pas question que le test soit trop coûteux.

C) Un test sensible diminue le nombre de faux négatifs.

VRAI : d'où leur utilisation pour des tests de dépistage.

D) Un test doit être reproductible.

VRAI : c'est l'évidence !

E) Un test diagnostique peut être douloureux et même risqué.

FAUX : c'est le cas d'un gold standard, mais un test diagnostique doit être acceptable par le patient.

QCM 18 A,D

Concernant les essais thérapeutiques

A) Ils supposent une randomisation.

VRAI : choix au hasard.

B) Ils se font toujours en double aveugle.

FAUX : en cas de comparaison de deux chirurgies, le chirurgien doit bien sûr être au courant de ce qu'il va faire (c'est le minimum !).

C) Ils se font toujours en simple aveugle.

FAUX : par exemple, si l'on doit comparer un traitement médicamenteux versus une chirurgie ou un régime alimentaire, le patient est nécessairement au courant.

D) Ils supposent le contrôle des doses par l'expérimentateur.

VRAI : contrairement aux études d'observation.

E) Ce sont des études d'observation.

FAUX : d'expérimentation.

Chapitre 9

Tables statistiques

Nous donnons ci-après quelque extraits très incomplets des tables les plus utilisées en PACES : elles devraient être largement suffisantes pour résoudre les principales questions posées au concours.

De toutes manières, les valeurs seront en général proposées par les différents professeurs (à moins qu'ils ne fournissent les tables dont ils auront besoin).

9.1 Fonction de répartition de la loi normale (ou de Laplace-Gauss) centrée réduite

Cette table est utilisée quand on connaît une valeur seuil (t, en abscisse) et que l'on cherche une probabilité attachée à cette valeur.

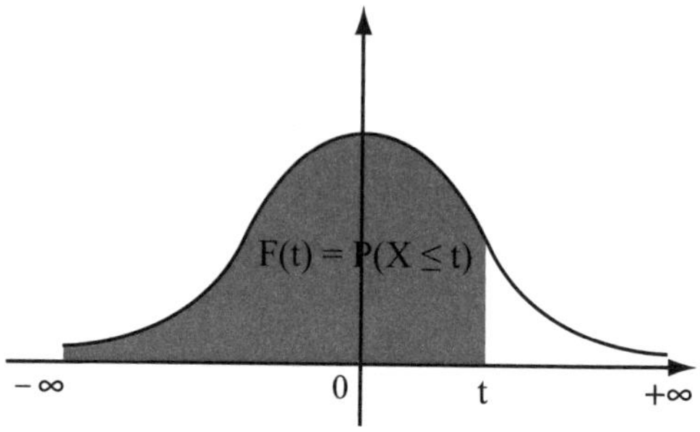

FIG. 9.1 – Représentation graphique (partie grisée) de la fonction de répartition de la loi normale centrée réduite.

Les valeurs incluses dans le tableau (incomplet) ci-dessous correspondent aux valeurs de la fonction de répartition F(t) pour quelques valeurs de t. Donnons quelques exemples :

t	0,00	0,01	0,02	0,03	0,04	0,06
0,0	0,500	0,504	508	0,512	0,516	0,520
0,1	0,540	0,544	0,548	0,552	0,556	0,560
1,6	0,945	0,946	0,947	0,948	0,950	0,951
1,9	0,971	0,972	0,973	0,973	0,974	0,975
2,5	0,994	0,994	0,994	0,994	0,995	0,995

Lectures

1. t = 1,64 est obtenu par la construction

$$1,6 \text{ (ligne)} + 0,04 \text{ (colonne)}.$$

La valeur de la fonction de répartition pour cette valeur est à l'intersection de la ligne définie par 1,6 et de la colonne définie par 0,04. Donc (résultat classique) :

$$F(1,64) = \text{Prob}\,[\,X \leq 1,64\,] = 0,95 \quad \text{(cellule grisée)}.$$

2. t=1,96 est obtenu par la construction

$$1,9 \text{ (ligne)} + 0,06 \text{ (colonne)}.$$

La valeur de la fonction de répartition pour cette valeur est à l'intersection de la ligne définie par 1,9 et de la colonne définie par 0,06. Donc (résultat TRÈS classique) :

$$F(1,96) = \text{Prob}\,[\,X \leq 1,96\,] = \ 0,975 \quad \text{(cellule grisée)}.$$

3. F(0) = 0,5. Ce résultat peut-être obtenu sans table, puisque l'aire correspondante est la moitié de l'aire totale sous la cloche de Gauss, égale à 1.

4. Terminons par un exemple de type "complémentaire". Si on demande la probabilité que X soit supérieur à 1,9, il suffit de remarquer que :

$$\text{Prob}\,[\,X \geq 1,9\,] + \text{Prob}\,[\,X > 1,9\,] = 1,$$

soit

$$\text{Prob}\,[\,X > 1,9\,] = 1 - F(1,9) = 1 - 0,971 = 0,029.$$

9.2 Table de l'écart-réduit

Cette table, à l'inverse de la précédente, est utilisée quand on connaît la probabilité (en grisé sur la figure, par exemple) et que l'on cherche la valeur seuil en abscisse, u_α sur cet exemple.

FIG. 9.2 – Représentation graphique de la densité de probabilité de la loi normale centrée réduite : sur ce graphique : $\text{Prob}(|u| > u_\alpha) = \alpha$.

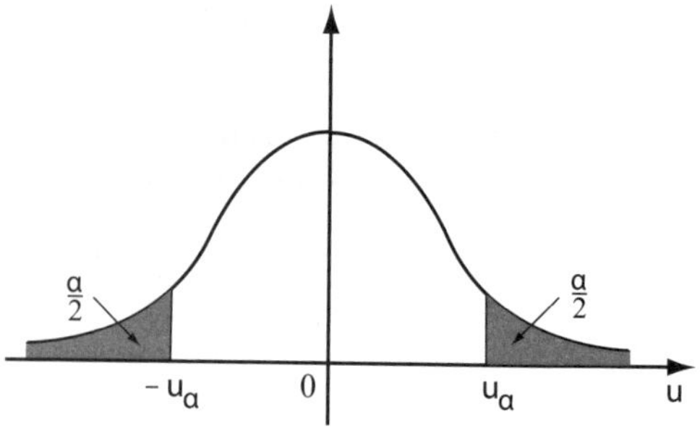

α	0,00	0,01	0,02	0,03	0,04	0,05	0,06	0,07	0,08	0,09
0,00	∞	2,58	2,33	2,17	2,05	1,96	1,88	1,81	1,75	1,70
0,10	1,64	1,60	1,56	1,51	1,48	1,44	1,41	1,37	1,34	1,31

Lectures

À l'intersection des deux valeurs marginales (en grisé) définissant la probabilité α, on lit la valeur u_α. Donnons 2 exemples importants :

1. À l'intersection des valeurs 0,00 (marge verticale) et 0,05 (marge horizontale), on lit la valeur 1,96. Donc :

$$\text{Prob}\,|u| > 1,96 = 0,05 \quad \text{(résultat classique)}$$

ou

$$\text{Prob}\;u > 1,96 = \text{Prob}\;u < -1,96 = 0,025$$

2. À l'intersection des valeurs marginales 0,10 (verticale) et 0,00 (horizontale), on lit la valeur 1,64. Donc :

$$\text{Prob}\,|u| > 1,64 = 0,10 \quad \text{(résultat classique)}$$

ou

$$\text{Prob}\;u > 1,64 = \text{Prob}\;u < -1,64 = 0,05$$

Ces deux résultats rejoignent ceux du paragraphe précédent.

9.3 Table du χ^2

L'utilisation de cette table est comparable à celle de la fonction de répartition de la loi normale centrée réduite (paragraphe 9.1) . on cherche une probabilité α attachée à une certaine valeur critique χ^2_α, et pour un certaine nombre de degrés de liberté ν.

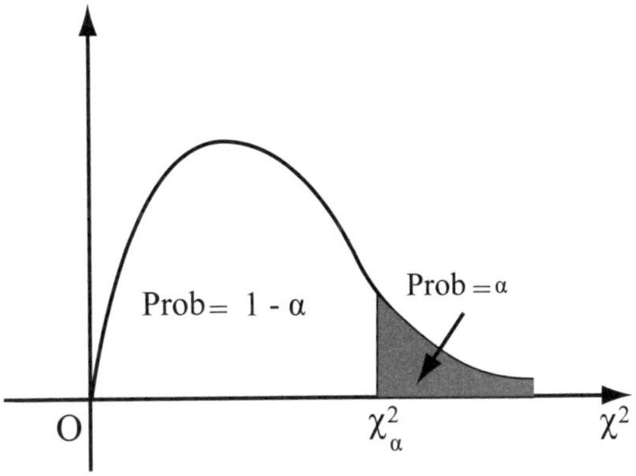

FIG. 9.3 – La table ci-dessous donne la valeur critique χ^2_α pour quelques risques α et nombres ν donnés de degrés de liberté (ddl).

ν \ α	0,9	0,5	0,1	0,05	0,02	0,01	0,001
1	0,0158	0,456	2,71	3,84	5,41	6,64	10,8
2	0,211	1,39	4,61	5,99	7,82	9,21	13,8
3	0,584	2,37	6,25	7,82	9,84	11,3	16,3
4	1,06	3,36	7,78	9,49	11,7	13,3	18,5
5	1,61	4,35	9,24	11,1	13,4	15,1	20,5
6	2,20	5,35	10,6	12,6	15,0	16,8	22,5
7	2,83	6,35	12,0	14,1	16,6	18,5	24,3
8	3,49	7,34	9,52	15,5	18,2	20,1	26,1
9	4,17	8,34	14,7	16,9	19,7	21,7	27,9
10	4,87	9,34	15,9	18,3	21,2	23,2	29,6

Cette table n'est bien sûr pas exhaustive, mais devrait être largement suffisante pour les besoins du concours.

Lecture

Pour exemple, la valeur critique au risque $\alpha = 0,05$ pour $\nu = 4$ ddl est égale à 9,49 (en grisé sur le tableau). Autrement dit, pour $\nu = 4$ ddl,

$$\text{Prob}\,[\,K \geq 9,49 = 0,05\,]$$

9.4 Table t de Student

La lecture de cette table est comparable à celle de l'écart réduit, avec en plus l'intervention du nombre de degrés de liberté ν.

FIG. 9.4 – La loi de Student ressemble à la loi normale, mais est plus aplatie. Pour les effectifs d'échantillons importants (n≥ 30), la loi de Student rejoint la loi normale centrée réduite.

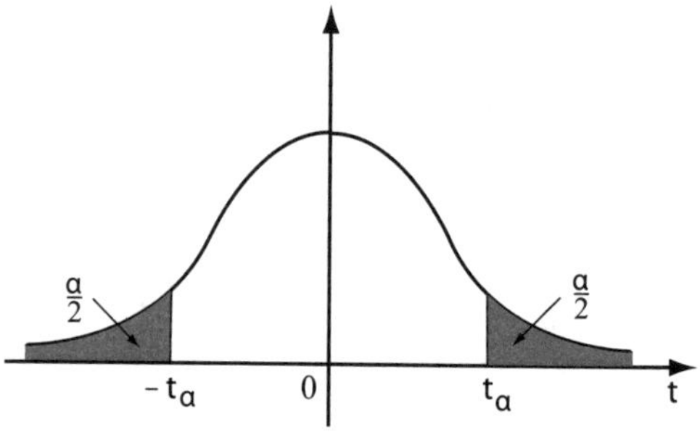

ν \ α	0,9	0,5	0,1	0,05	0,02	0,01	0,001
14	0,128	0,692	1,76	2,15	2,62	2,98	4,14
15	0,128	0,691	1,75	2,13	2,60	2,95	4,07
28	0,127	0,683	1,70	2,05	2,47	2,76	3,67
29	0,127	0,683	1,70	2,05	2,46	2,76	3,66
30	0,127	0,683	1,70	2,04	2,46	2,75	3,65
∞	0,126	0,674	1,64	1,96	2,33	2,58	3,29

Lecture

En PACES, la table t de Student est moins utilisée que la loi normale centrée réduite : nous en donnons ici deux exemples illustratifs. Ainsi :

1. on voit clairement que les valeurs de cette loi se confondent avec celles de la loi normale centrée réduite pour les grandes valeurs de n (et donc de ν : cf. $\nu = \infty$),
2. pour $\nu = 15$, par exemple (et donc pour n = 16), la valeur critique au risque 0,01 est égale à 2,95.

Achevé d'imprimer par Corlet, Imprimeur, S.A. - 14110 Condé-sur-Noireau
N° d'Imprimeur : 165987 - Dépôt légal : septembre 2014 - *Imprimé en France*